Aline Piccini Roll
Fernando Rutz
Victor Fernando Roll

Codorniz: produção, maneio e nutrição

Aline Piccini Roll
Fernando Rutz
Victor Fernando Roll

Codorniz: produção, maneio e nutrição

ScienciaScripts

Imprint

Any brand names and product names mentioned in this book are subject to trademark, brand or patent protection and are trademarks or registered trademarks of their respective holders. The use of brand names, product names, common names, trade names, product descriptions etc. even without a particular marking in this work is in no way to be construed to mean that such names may be regarded as unrestricted in respect of trademark and brand protection legislation and could thus be used by anyone.

Cover image: www.ingimage.com

This book is a translation from the original published under ISBN 978-613-9-62530-7.

Publisher:
Sciencia Scripts
is a trademark of
Dodo Books Indian Ocean Ltd. and OmniScriptum S.R.L publishing group

120 High Road, East Finchley, London, N2 9ED, United Kingdom
Str. Armeneasca 28/1, office 1, Chisinau MD-2012, Republic of Moldova, Europe
Printed at: see last page
ISBN: 978-620-7-73014-8

índice

Prefácio

A criação de codornizes consiste na criação de codornizes para a produção de ovos ou de carne. Nestas explorações, produtores e investigadores realizam produções ou experiências segundo métodos e procedimentos que garantem a qualidade dos produtos, a fiabilidade dos resultados e a reprodutibilidade dos estudos.

Esta atividade é relativamente recente, principalmente no Brasil, por isso muitas pessoas ainda a desconhecem. Embora a criação de codornas no Brasil não tenha a mesma tradição consolidada que nos países europeus, já temos grandes produtores e pesquisadores de alto nível nessa área do conhecimento científico.

Escrevemos este livro como um guia, uma ferramenta de apoio, destinado a estudantes das áreas de zootecnia, veterinária e agronomia, bem como a técnicos e produtores, mas esperamos que seja lido por todos aqueles que trabalham e gostam destas aves.

Este livro ajudará a descrever os principais pontos da criação de codornizes para engorda e/ou postura no que respeita ao maneio produtivo, reprodutivo e nutricional.

Com este livro, o leitor poderá compreender melhor desde as características desta ave até à utilização das técnicas de metodologia científica na investigação das codornizes.

1. Considerações de carácter geral

1.1 Cotornicultura

A criação de codornas, seja para produção de carne ou de ovos, é um sector da avicultura que se encontra em pleno desenvolvimento, com produtividade e rentabilidade que têm atraído a atenção dos produtores. Entre os factores que contribuem para este sucesso estão o rápido desenvolvimento das codornizes, o curto intervalo de gerações, a precocidade na produção e maturidade sexual, bem como a longevidade em alta produção (14 a 18 meses) e o rápido retorno do investimento (Pinto et al., 2002; Murakami e Furlan, 2002).

No entanto, a carne de codorna é pouco conhecida no Brasil devido à sua recente exploração comercial, e por ser considerada uma carne nobre e de difícil acesso à população (Reis, 2011).

As codornizes pertencem à mesma família das galinhas e das perdizes, ou seja, à família dos Fasianidae (Phasianidae) e à subfamília dos Perdicinidae e são originárias da Europa, Ásia e Norte de África (Pinto et al., 2002).

Três tipos diferentes de codornizes têm sido explorados na criação industrial desde a década de 1990. São elas: *Coturnix coturnix japonica* (codorniz japonica); *Bobwhite Quail* (codorniz americana); e *Coturnix coturnix coturnix coturnix*, (codorniz europeia). Estas aves diferem em termos de tamanho, precocidade, coloração dos ovos (brancos ou pintados), taxa de postura e coloração das penas.

1.2 Comparação entre linhas de codornizes

Estudos indicam que as codornizes europeias seleccionadas para engorda têm uma massa de ovos mais elevada quando comparadas com as codornizes destinadas à produção de ovos (Singh e Panda, 1987). No entanto, existe pouca informação sobre a conversão alimentar por dúzia de ovos, a qualidade dos ovos e o consumo de ração, o que torna difícil compreender o seu potencial produtivo em termos de dupla aptidão (Mori et al., 2005).

A codorniz japonesa e a codorniz europeia são fenotipicamente semelhantes, mas a codorniz europeia tem um peso vivo superior (entre 200 e 300 gramas), uma coloração castanha mais viva e um temperamento caraterístico dos animais de abate. São também notavelmente mais silenciosas, quer sejam criadas no chão ou em gaiolas, apesar de terem uma idade semelhante à maturidade sexual (Rezende et al., 2004).

Oliveira (2003) refere que as codornizes europeias consomem cerca de 36 gramas/dia de ração na fase de produção e que os custos com a alimentação representam cerca de 70% do total. No entanto, estudos que confirmem estes dados são ainda escassos, no que diz respeito às codornizes europeias, uma vez que a maioria das investigações e resultados encontrados na literatura se referem às codornizes japónicas.

O rendimento de carcaça das codornas é de cerca de 72% do seu peso vivo. Esse resultado é um dos mais altos entre as aves, além de possuírem ovos relativamente grandes em relação ao seu tamanho (Murakami e Furlan, 2002). Os mesmos autores mostram que a regulação do consumo de ração ocorre pela exigência das aves e pela densidade energética da dieta quando as aves são alimentadas ad libitum.

A precocidade das codornizes de corte é conseguida devido ao elevado consumo de ração na fase inicial de vida, com um peso e uma taxa de crescimento superiores aos das codornizes poedeiras (Marks, 1991).

Para um melhor desenvolvimento do melhoramento, a investigação está a proporcionar um melhor conhecimento das linhas disponíveis, a fim de estabelecer os seus níveis zootécnicos (Móri et al., 2005).

Atualmente na Europa e nos Estados Unidos as linhagens predominantes são de duplo propósito, ou seja, são utilizadas para produção de ovos e carne (Banerjee, 2010). Apesar de em muitos países as codornas serem exploradas para duplo propósito (Jones et al., 1979, Baumgartner, 1994), no Brasil as codornas ainda são exploradas quase que exclusivamente para a produção de ovos, sendo abatidos apenas os machos que foram classificados erroneamente no processo de sexagem com um dia de idade e as fêmeas no final da vida produtiva. Neste último caso, trata-se de animais sem padrão etário fixo, geralmente com idade superior a 52 semanas, que por este motivo apresentam características de carcaça prejudicadas (Reis, 2011).

Embora a criação de codornas no Brasil seja geralmente realizada em pequenas propriedades, é possível obter um ciclo fechado de criação, incubação e produção no mesmo local. No entanto, nessa forma de criação, os riscos de contaminação bacteriana são maiores. Uma opção para a prevenção desses riscos pode ser a especialização dos setores com a introdução de aviários na avicultura divididos em setores, por exemplo, setores de seleção, setores de multiplicação e setores de produção comercial.

1.3 Origem

A codorniz é uma ave de plumagem bege com pequenas riscas pretas e brancas. É uma ave migratória muito antiga na Europa e foi levada primeiro para a Ásia (China e Coreia) e mais tarde para o Japão.

A codorniz europeia foi introduzida no Japão no século XI através da China. Segundo os primeiros relatos, os japoneses começaram a criá-las devido ao seu canto. No Japão, estudos e cruzamentos levaram ao aparecimento da codorniz japonica para a produção de carne e ovos (Reyes, 1980). Os japoneses, por volta de 1300 d.C.   , começaram a criar codornizes para carne e ovos (Reyes, 1980).

A domesticação da espécie com base no canto melodioso dos machos, e após várias tentativas, por volta do século XX, conseguiu promover a sua criação comercial com a produção em massa em gaiolas.

A partir da subespécie selvagem Coturnix coturnix coturnix de origem europeia, os japoneses e os chineses, após vários cruzamentos, conseguiram produzir a codorniz atual, a *Coturnix coturnix japonica*, também conhecida como codorniz japonesa.

Devido à sua elevada precocidade, produtividade e fertilidade, bem como à necessidade de pouco espaço para a criação e à facilidade de transporte devido ao seu pequeno tamanho, a codorniz tornou-se uma das principais fontes de alimentação dos vietnamitas durante a guerra contra os Estados Unidos.

Na década de 1950, imigrantes italianos e japoneses trouxeram as codornas para o Brasil e, desde então, a produção se consolidou e se tornou uma importante fonte alternativa de alimentos, principalmente ovos. A atividade é uma alternativa rentável para o setor agropecuário quando realizada de forma profissional. No entanto, a grande maioria das produções é de pequenas propriedades, sendo algumas de ciclo fechado, com setores de criação, incubatório e terminação.

Embora ainda não exista uma linhagem específica para postura e engorda no Brasil, para obter melhor desempenho, os produtores estão trazendo novas linhagens de outros países. A carne de codorna ainda é considerada exótica e tem preços elevados. No entanto, o consumidor vem mudando seus hábitos alimentares nos últimos anos e passou a aceitar melhor esse tipo de proteína, o que pode favorecer o aumento da produção a longo prazo.

Normalmente, a carne de codorniz (Figura 1) encontrada comercialmente é produzida por algumas empresas especializadas. Neste caso, são utilizadas linhagens importadas da Europa com capacidade de atingir até 600 g com idade de abate de 60 dias. Na criação alternativa, existem machos que não foram utilizados na reprodução e fêmeas descartadas que já terminaram seu ciclo produtivo.

Figura 1: Carcaça de codorniz europeia de dupla finalidade (peso aproximado: 400 g)

De acordo com Pinto et al. (2002), as codornas introduzidas no Brasil na década de 1950 eram muito semelhantes às já existentes no país. No entanto, não pertenciam à mesma família dos Tâmamidae, como é o caso da codorna nordestina (*Nothura boraquira*), da minera (*Nothura minor*) e da codorna comum (*Nothura maculosa*).

A incubação dos ovos de codorniz dura cerca de 17 dias e os pintos no primeiro dia de vida pesam cerca de 7,0 gramas na japonica e 10 a 12 gramas na codorniz europeia, o que corresponde a cerca de 70% do peso do ovo. Ao fim de quatro semanas as codornizes aumentam 10 vezes o seu peso inicial (Albino e Barreto, 2003).

As fêmeas adultas são mais pesadas que os machos devido ao desenvolvimento do aparelho reprodutor e do fígado. Por iniciarem a postura por volta dos 42 dias de idade, são consideradas as aves com desenvolvimento fisiológico mais precoce, chegando a produzir até 300 ovos no primeiro ano de vida, com peso entre 9,0 e 12,5 gramas, o que pode representar até 8% do peso da ave (Belo et al., 2000). Os ovos geralmente apresentam pigmentos em toda a superfície da casca com manchas de colorações acastanhadas variadas (Albino e Barreto, 2003).

1.4 Valor nutricional da carne e dos ovos

As propriedades nutricionais dos produtos de codorniz estão relacionadas com a qualidade e a quantidade dos nutrientes neles contidos. As codornizes necessitam de receber todos os nutrientes essenciais na sua alimentação, em proporções e quantidades adequadas, para que possam expressar as suas funções produtivas e reprodutivas de forma optimizada.

Os nutrientes são também responsáveis pelas características nutricionais e sensoriais da carne e dos ovos. Estes nutrientes podem ser divididos em duas categorias, que são os constituintes nutritivos (básicos) e os constituintes secundários.

Como componentes nutritivos, podem referir-se a água, os hidratos de carbono, as proteínas, os minerais, as vitaminas e os lípidos. E como constituintes secundários podem ser mencionados os ácidos orgânicos, enzimas, pigmentos, compostos voláteis, óleos essenciais, entre outros.

No que respeita às características nutricionais e sensoriais dos alimentos, cada um dos constituintes acima referidos é responsável por uma caraterística específica (Teixeira, 1989):

Valor nutricional → proteínas, hidratos de carbono, lípidos

Cor → enzimas, pigmentos

Aroma → ácidos orgânicos, hidratos de carbono

Odor → óleos essenciais, compostos voláteis

Textura → pectinas, proteínas

1.5 Localização da implementação e das instalações

As codornizes podem ser utilizadas basicamente para quatro tipos de criação: pintos do dia, reprodutoras, produção de carne (engorda) ou produção de ovos (postura).

Independentemente do tipo de criação, ao escolher a localização das instalações é importante considerar alguns pontos determinantes como, por exemplo, a facilidade de abastecimento da propriedade com insumos para a alimentação das aves, o rendimento da produção no momento da retirada do lote ou dos ovos, a proximidade do abatedouro, bem como a facilidade de acesso ao mercado consumidor, entre outros.

Devem ser evitadas as regiões com variações climáticas muito bruscas, bem como as regiões com elevada incidência de inundações e taxas de humidade relativa muito elevadas. O local a escolher deve, portanto, sempre que possível, ser de fácil acesso, ser abastecido de eletricidade e água de boa qualidade e não estar sujeito a tempestades de vento ou inundações.

Normalmente, é aconselhável que estas explorações se situem em zonas rurais. No entanto, tal é determinado pelo Plano Diretor Urbano (PDU) de cada autarquia local. Geralmente, é o PDU que determina o tipo de atividade que pode ser instalada ou implementada na propriedade ou no imóvel escolhido para a instalação da empresa. Este deve ser, portanto, o primeiro passo na avaliação da instalação de uma exploração de codornizes, devendo ser consultada a Câmara Municipal da localidade em causa.

É de notar que estes requisitos são adequados para os produtores que pretendem iniciar a criação comercial. A este respeito, é importante que a estrutura básica tenha uma boa disponibilidade de água e de área, bem como um clima favorável.

Para que as aves possam expressar todo o seu potencial genético, recomenda-se que a estrutura seja construída de acordo com as exigências ambientais das codornizes, proporcionando-lhes uma óptima condição de conforto. Dependendo do tipo de criação comercial ou mesmo doméstica, serão necessários alguns equipamentos e instalações, que serão descritos a seguir.

1.5.1 Telheiros abertos nos lados

Este tipo de casa é mais económico quando utilizado em zonas com temperaturas amenas, mas requer um controlo da temperatura durante o inverno ou nos períodos mais frios.

Estas instalações requerem a colocação de redes nos lados para impedir não só a fuga das aves do interior do galinheiro, mas também a entrada de outras aves ou predadores do exterior do galinheiro.

1.5.2 Telheiros fechados nos lados

Os telheiros com os lados fechados são mais caros do que os telheiros abertos. Além disso, não devem ser demasiado compridos nem demasiado largos para facilitar a circulação do ar, e recomenda-se a instalação de várias aberturas sob a forma de janelas nos lados.

1.5.3 Tectos

Os telhados são extremamente importantes, pois influenciam grandemente a temperatura interna do aviário. Há uma variedade de telhados e materiais que podem ser utilizados como cobertura para a instalação. As telhas de barro, por exemplo, oferecem maior conforto térmico interno, porém, exigem maior gasto com madeira para sustentação do telhado. Por outro lado, as telhas de fibrocimento são de menor custo, porém, aumentam a temperatura interna.

Outras medidas podem ser utilizadas na cobertura do aviário para baixar a temperatura interna do galinheiro em dias muito quentes, tais como pintar a superfície externa do telhado com cores claras, borrifar água no telhado em dias muito quentes, aumentar a inclinação do telhado, o que facilita a dissipação do calor para fora do galinheiro quando em ângulos acentuados.

No entanto, apesar de serem mais caras, existem atualmente telhas com sistemas de isolamento térmico eficientes, com as quais se pode obter maior produção e bem-estar das aves, podendo a longo prazo tornar-se a opção mais rentável para o produtor.

1.5.4 Plano

O chão do aviário pode ter uma base de betão rústico ou de outro tipo de material. Independentemente do tipo de pavimento utilizado, este deve ter uma pequena inclinação para que a água não se acumule no interior do aviário.

1.5.5 Gaiolas Recria

As gaiolas de criação e de recria são utilizadas na fase de crescimento intermédio, em que as codornizes são alojadas aos 15 dias de idade e retiradas aos 35 dias de idade, quando são transferidas para as gaiolas de postura. Também é possível alojar as aves diretamente nas gaiolas de postura aos 15 dias de idade.

1.5.6 Gaiolas de postura

As gaiolas de postura permitem um melhor controlo nutricional, sanitário e produtivo das aves. Para o efeito, são recomendadas gaiolas galvanizadas normalizadas com dimensões de 100 cm x 30 cm, que alojam até 30 aves. As gaiolas com dimensões de 100 cm x 40 cm com um máximo de 40 aves podem ter duas ou três divisórias em sistemas de baterias de gaiolas com até cinco ou seis níveis.

1.6 Equipamento

Este subíndice ilustra o equipamento necessário nas instalações, por exemplo, bebedouros, comedouros, exaustores, ventiladores, nebulizadores, camas, gaiolas, círculos de proteção, entre outros.

1.6.1 Bebedouros

Os bebedouros podem ser do tipo infantil (os mesmos que os utilizados para os frangos de carne), do tipo tetina ou do tipo tetina. A escolha e a utilização dependerão da fase e do sistema de criação.

No sistema de criação em cama na fase de cria e recria, os bebedouros podem ser do modelo infantil, cujo tamanho varia de 800 ml a 7,5 litros, e podem ser utilizados para a criação de frangos de corte. No entanto, recomenda-se a utilização de uma mangueira no interior do compartimento para evitar o possível afogamento dos pintos, como se mostra na Figura 2.

A figura 3 mostra um modelo de um bebedouro pendular. Este pode ser utilizado na produção de codornizes de engorda em cama. Nos sistemas de gaiolas, os bebedouros são geralmente do tipo nipple.

Figura 2: Bebedouro adaptado para frangos de carne com uma capacidade de 5 L de água

Figura 3. bebedouro tipo pêndulo para aves de grande porte

Os bebedouros mais utilizados são os do modelo nipple, devido à facilidade de higienização, resultando numa melhor qualidade da água, menor desperdício e maior controlo na administração de medicamentos. Porém, alguns cuidados devem ser tomados com a manutenção dos nipples, pois eles podem ficar presos, causando vazamentos indesejados de água dentro do aviário. Da mesma forma, a tubulação também deve ser verificada periodicamente para evitar acúmulos ou vazamentos de ar que podem causar falta de água nos nipples.

1.6.2 Comedouros

Existem vários modelos e formas de comedouros disponíveis no sector e podem ser manuais ou automáticos, para crianças ou para adultos, com uma gama de tamanhos e cores. Independentemente do modelo, os comedouros devem ser dispostos no aviário em número suficiente para satisfazer todas as aves e devem estar sempre bem abastecidos e ajustados à idade e altura das aves. A figura 4 mostra um modelo de um comedouro tubular com uma capacidade de 5 kg de alimentos.

No caso das gaiolas, os comedouros são geralmente feitos de metal galvanizado e estão dispostos na parte da frente da gaiola.

Figura 4: Comedouro tubular com capacidade para 5 kg de ração

1.6.3 Sinos

Os exaustores são aquecedores que servem de fonte de calor para os pintos nas primeiras semanas de vida ou sempre que necessário.

Os exaustores são as fontes de calor mais utilizadas, pois podem ser utilizados tanto com gás natural ou gás de petróleo liquefeito (GPL), como eléctricos ou a lenha. Na indústria existe uma diversidade de modelos com diferentes formas e controlos automáticos de temperatura, sendo a maioria deles muito funcionais e resistentes, com baixos índices de manutenção.

Os exaustores a gás funcionam através de um queimador de gás convencional e o calor é fornecido aos pintos por convecção e condução. Embora existam no mercado vários modelos de campânulas de diferentes tamanhos (para 125 ou 2500 aves), têm geralmente uma forma redonda e podem fornecer calor até 500 pintos (Figura 5). A instalação é considerada fácil e simples, sendo normalmente instalados no telhado de modo a ficarem perto das aves, promovendo o aquecimento dentro do raio de ação. O controlo do fornecimento de calor é feito através do ajuste manual ou automático da temperatura desejada.

Figura 5: Exaustores a gás como sistema de aquecimento

Os exaustores a gás com placas cerâmicas refractárias são considerados muito bons porque permitem o fornecimento de calor por radiação, onde a placa cerâmica fica incandescente quando atinge a temperatura desejada e assim transfere o calor produzido. Neste caso, estes exaustores podem ser instalados a uma altura maior em relação aos exaustores convencionais, pois a temperatura é distribuída de forma mais uniforme, podendo fornecer calor para até 800 pintos dentro do raio de ação do exaustor. A possível quebra da placa cerâmica durante o manuseamento é uma desvantagem em relação aos exaustores acima referidos.

Os exaustores de gás por infravermelhos, em que a queima do gás promove o aquecimento com recurso à radiação, possuem queimadores metálicos altamente resistentes ao calor. A principal diferença entre as formas de transferência de calor é que no sistema de radiação a temperatura mais alta produzida está dentro da zona de conforto das aves, enquanto no sistema de convecção o ar aquecido tende a subir para as zonas mais altas, o que promove camadas de ar com temperaturas desiguais.

2. Tipos de criação

Em geral, existem basicamente quatro tipos de criação: pintos do dia (Figura 6), reprodutores, explorações de frangos de carne e explorações de ovos.

O aumento do consumo elevou a criação de codornas a patamares mais altos. Em 2014, foram registradas 20,34 milhões de codornas no Brasil, o que representou um aumento de 11,9% em relação a 2013. A partir da análise dos registros de 2005 a 2014, pode-se observar o crescimento histórico do número de codornas nesse período, o que representa o aumento constante da produção dessa espécie. A maior concentração da produção (78,2%) foi observada na Região Sudeste, sendo o maior produtor de codornas o estado de São Paulo, com 54,5% do total produzido no Brasil (IBGE, 2014).

A produção de ovos de codorna em 2014 foi de 392,73 milhões de dúzias, o que representou um aumento de 14,7% em relação aos registos de 2013. A produção de ovos de codorna está localizada principalmente na Região Sudeste (82,1%). O Estado de São Paulo se destacou como o maior produtor nacional (59,3%), seguido pelos Estados do Espírito Santo (11,5%) e Minas Gerais (9,6%). Os municípios de Bastos (SP), Lacri (SP) e Santa Maria de Jetibá (ES), com o maior número de animais, também apresentaram a maior produção de ovos de codorna em 2014 (IBGE, 2014).

As vantagens da criação de codornizes incluem o crescimento rápido com maturidade sexual precoce, a elevada produtividade, a elevada prolificidade, o grande número de aves que podem ser alojadas num pequeno espaço, a longevidade da produção, o baixo investimento inicial e o rápido retorno financeiro, bem como o sabor exótico da carne.

Figura 6. Pintos de codorniz de um dia de idade com dupla finalidade

2.1 Exploração de engorda

A linha mais comummente utilizada para a produção de carne é a *Coturnix coturnix coturnix coturnix coturnix*, também conhecida como codorniz europeia (Figura 7). Com o aumento da procura global de carne, é necessário investigar alternativas que possam satisfazer as novas exigências de produtos animais e a produção de codornizes é uma opção interessante (Móri et al., 2005).

Figura 7: Codorniz europeia de dupla finalidade *Coturnix coturnix coturnix coturnix coturnix* (postura e carne)

A este respeito, a produção de carne de codorniz revela-se uma alternativa eficiente, uma vez que é potencialmente necessário menos investimento e espaço para as instalações (Figura 8). Por outro lado, a produção de resíduos é relativamente menor em comparação com outros métodos de criação. No entanto, os conhecimentos sobre o desempenho, as necessidades nutricionais e os materiais genéticos adequados são ainda escassos, orientando a produção de codornizes principalmente para a produção de ovos.

Figura 8: Exame de codornizes em camas destinadas à engorda

2.2 Explorações de produção de ovos

A principal linha utilizada para a exploração de ovos é a *Coturnix coturnix japonica*, também conhecida por codorniz japonica (Figura 9).

As aves de capoeira poedeiras permitem um rápido retorno do capital investido devido à maturidade precoce das aves. Por outro lado, é de grande interesse para o consumidor como fonte de alimento rico em vitaminas, minerais e proteínas de alta qualidade (Seibel et al., 2010).

Os ovos de codorniz contêm cerca de 6,5 mg de proteínas, 40 mg de vitaminas, 112 mg de fósforo, 1,85 mg de ferro e 31 mg de cálcio em 50 g de produto, pelo que constituem uma excelente fonte de nutrientes (Redder, 2005).

O processo de incubação dos ovos de codorniz dura normalmente 17 dias, pesando os pintos, em média, 7,0 gramas no primeiro dia de vida nas japónicas e 10 a 12 gramas nas europeias, o que corresponde a cerca de 70% do peso do ovo.

Com quatro semanas de idade, as codornizes ganham 10 vezes o seu peso inicial (Albino e Barreto, 2003). As fêmeas adultas são mais pesadas do que os machos devido ao desenvolvimento do aparelho reprodutor e do fígado.

Por iniciarem a postura aproximadamente aos 42 dias de idade, as codornas são consideradas as aves com desenvolvimento fisiológico mais precoce, podendo produzir até 300 ovos no primeiro ano de vida com pesos que variam entre 9,0 e 12,5 g, podendo representar até 8 % do peso da ave (Belo et al., 2000). Os ovos apresentam normalmente pigmentos em toda a superfície da casca com manchas de coloração variável em tons de castanho (Albino e Barreto, 2003).

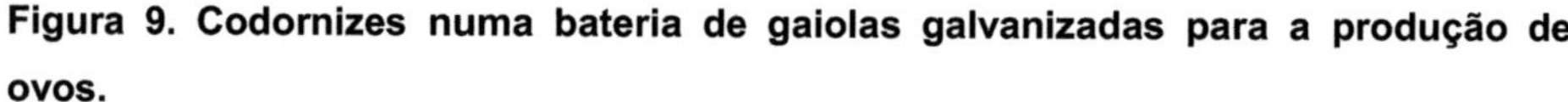

Figura 9. Codornizes numa bateria de gaiolas galvanizadas para a produção de
ovos.

3. Métodos experimentais para a avaliação da produção de codornizes

de codornizes

A avaliação da produção de codornizes pode ser utilizada para monitorizar o desempenho do bando. As variáveis que podem ser medidas incluem o peso das aves, o consumo de ração, a produção e o peso dos ovos, a conversão alimentar, entre outras. Estas variáveis são pormenorizadas a seguir.

3.1 Peso corporal

Os pesos das aves (Figura 10) devem ser controlados para monitorizar o desenvolvimento e a uniformidade do bando, bem como para determinar a possível presença de doenças a partir da observação de um aumento de peso reduzido ou exagerado em algumas codornizes ou no bando.

Figura 10: Pesagem individual das aves

3.2 Consumo de alimentos para animais

Os dados de consumo de ração são de extrema importância para o produtor, pois esta variável permite observar se as aves estão dentro do padrão estipulado para a linhagem, sexo e idade da codorna. Também pode ser uma ferramenta para detetar possíveis problemas nutricionais ou de formulação da ração.

O consumo de alimentos pode ser calculado através da seguinte fórmula:

CPP = PFP - S

ser,

CPP: consumo total de alimentos para animais no período (g);

PFP: alimentos fornecidos durante o período (g);

S: restos de ração (g) recolhidos de cada gaiola, no final do período (normalmente uma semana ou um mês).

O consumo médio diário de alimentos por ave pode ser calculado com base no consumo total utilizando a seguinte fórmula

CMP = (CPP/y)/x

ser,

CMP: consumo médio de ração (g/ave/dia/gaiola);

y: número de aves alojadas por gaiola;

x: número de dias do período.

3.3 Produção de ovos

A produção de ovos deve ser registada diariamente para se obter o número total de ovos produzidos pelo bando ou pela unidade experimental, no caso de animais experimentais, durante o período em avaliação.

O cálculo da percentagem de ovos produzidos em cada período pode ser efectuado através da seguinte fórmula

Produção (%) = (THx100)/y

Ser:

TH = total de ovos produzidos durante o período;

y = número de ovos previsto a 100% de produção durante o período em avaliação.

3.4 Peso dos ovos

No final de cada ciclo de produção ou de experimentação, os ovos produzidos devem ser identificados, recolhidos e pesados (figura 11). Esta pesagem serve para monitorizar o padrão de produção do bando.

A seguinte fórmula pode ser utilizada para verificar o peso médio dos ovos:

PMH (g) = PTH/NTH

Onde:

MWW: peso médio dos ovos;

PTH: peso total dos ovos produzidos durante o período;

NTH: número total de ovos produzidos no período.

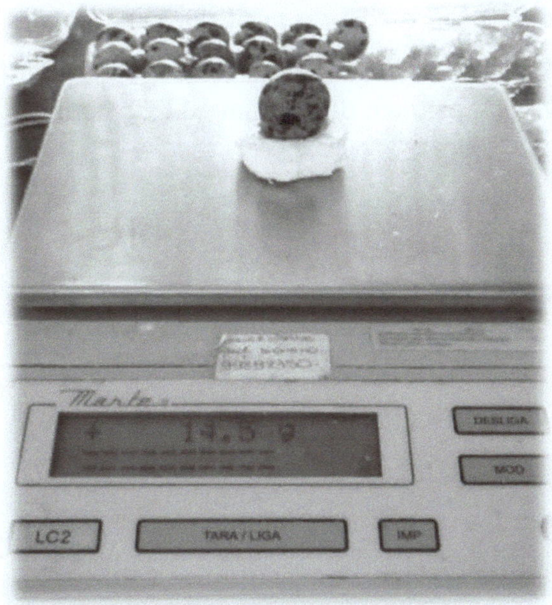

Figura 11: Pesagem manual dos ovos

3.5 Conversão alimentar por quilo de ovos

A conversão alimentar (CA) é obtida a partir do rácio entre o consumo total de alimentos e os quilos de ovos produzidos no período, de acordo com a seguinte fórmula

CA = consumo de ração/peso do ovo

A verificação dos quilos de ovos produzidos pode ser efectuada a partir do peso médio dos ovos multiplicado pela taxa de produção obtida no período desejado ou observado. No caso das codornizes de engorda, a CA pode ser calculada através da seguinte fórmula

CA = consumo médio de ração/peso médio das codornizes

Para a interpretação dos resultados, consideramos que uma AC óptima é a que mais se aproxima de 1 (um), ou seja, consome um quilo de ração e produz um quilo de ovos ou carne.

Usando a fórmula acima como exemplo, considerando um consumo médio de ração de 1050,0 gramas e um peso médio de ovos de 300,0 gramas durante um determinado período, a CA seria de 3,5, o que significa que, neste exemplo hipotético, as aves precisariam de consumir 3,5 kg de ração para produzir um quilo de ovos.

4. Avaliação da qualidade dos ovos

A qualidade dos ovos pode ser avaliada interna e externamente. A qualidade externa consiste na avaliação do peso, da gravidade específica, do tamanho e do diâmetro dos ovos. A qualidade interna é avaliada através do peso e da altura do albúmen, da coloração e do peso da gema, bem como da análise sensorial. Podem ser efectuadas determinações químicas para avaliar os teores de humidade, de proteínas, de extrato etéreo (lípidos), de cinzas e de fibras, entre outros.

A qualidade dos ovos pode ser influenciada por muitos factores, por exemplo, a nutrição, a saúde, o ambiente, a genética e a gestão das codornizes.

4.1 Qualidade externa

4.1.1 Pesagem dos ovos

A pesagem dos ovos (Figura 12) nas incubadoras comerciais é realizada para monitorar o desempenho e a produção do lote. O sucesso e a participação no mercado consumidor dependem da qualidade dos ovos produzidos, que inclui principalmente características como a cor da gema e da casca (Xavier et al., 2008).

No entanto, o Ministério da Agricultura, Pecuária e Abastecimento (MAPA) através da Instrução Normativa (IN) n° 05 de 14/02/2017 - Art.64 - Parágrafo Único determina que a produção de ovos de codorna é dispensada da etapa de classificação de peso. Portanto, os ovos são comercializados em caixas, geralmente com 30 ovos pesando em torno de 11g cada, diferentemente dos ovos de galinha, que são classificados e comercializados por classes de peso.

O peso médio dos ovos de codorniz de duplo objetivo é de cerca de 11 gramas, mas pode atingir 17 gramas em casos extremos (Figura 12). É importante notar que o peso dos ovos de codorniz, tal como noutras espécies de aves poedeiras, varia em função da alimentação e da gestão ambiental, bem como da idade da ave. O peso dos ovos aumenta com o aumento da idade (Roll et al., 2009), enquanto a qualidade da casca piora (Akyurek e Okur, 2009) e o valor unitário Haugh diminui (Fletcher et al., 1983).

Figura 12. Pesagem de ovos em codornizes de dupla finalidade (europeias)

4.1.2 Gravidade específica

A gravidade específica pode ser utilizada como uma medida indireta da qualidade da casca do ovo (Baião e Cançado, 1997). No entanto, para efetuar esta análise é importante ter cuidado na recolha e processamento destes ovos para não os partir ou rachar, pois serão desqualificados para esta medida.

Para a avaliação da gravidade específica, os ovos são colocados em baldes com soluções salinas, da menor para a maior concentração de cloreto de sódio (NaCl), com intervalo de 0,004, podendo variar de 1,046 a 1,090, totalizando 12 soluções (Roll, 2012).

Antes de cada avaliação, as densidades são determinadas com um densímetro. Nesta avaliação, os ovos são retirados, flutuando na água e apontando para o respetivo valor de densidade correspondente à solução existente no recipiente (Figura 13). A gravidade específica deve ser medida no dia da postura, pelo que os ovos rachados ou com casca mole não devem ser analisados.

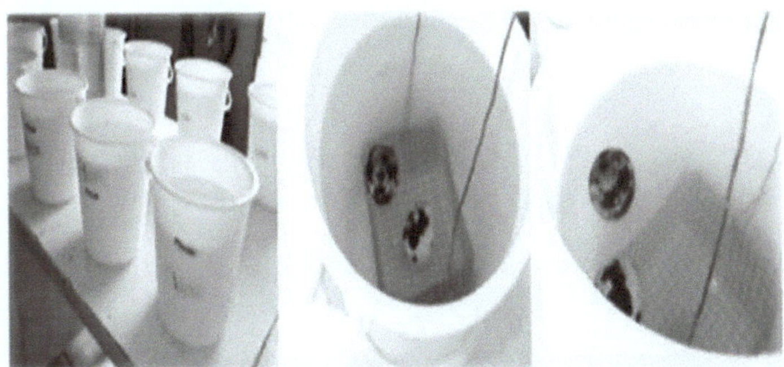

Figura 13. Cubos com diferentes densidades em função da concentração de sal para a avaliação da gravidade específica dos ovos.

4.1.3 Peso e espessura do casco

A casca pode ser considerada como uma embalagem do conteúdo do ovo. Neste sentido, ela deve ser suficientemente resistente aos impactos que ocorrem até chegar ao consumidor final, como a postura, a coleta, a classificação e o transporte. A qualidade da casca pode ser influenciada por uma série de factores que podem estar relacionados com o armazenamento inadequado, a idade da codorniz, o ambiente de criação, o maneio nutricional, entre outros.

A casca pode representar de 9 a 12% do peso total do ovo, sendo a primeira linha de defesa contra a contaminação microbiana. Além disso, quando as cascas dos ovos são resistentes, representam uma proteção mais eficaz do conteúdo interno dos ovos. Por outro lado, independentemente da coloração ou pigmentação da casca, é importante que esta esteja limpa, íntegra e sem deformações para promover esta proteção.

Depois de partir cada ovo para análise da qualidade interna, as cascas devem ser lavadas para remover completamente a albumina aderente à membrana interna. Em seguida, devem ser colocadas numa estufa de ar forçado a 60°C durante 24 horas para promover a secagem da casca. Após a secagem, as conchas podem ser pesadas com uma balança digital, de preferência com uma aproximação de 0,01 g. Pode ser utilizado um micrómetro para medir a espessura da casca (Figuras 14 e 15).

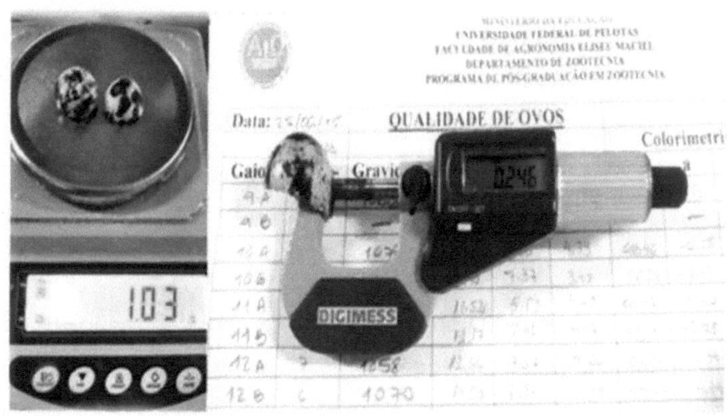

Figura 14. Pesagem e medição da espessura da casca com um micrómetro digital

Figura 15: Micrómetro para avaliação da espessura da casca

4.2 Qualidade interna

4.2.1 Altura do albume

Coloca-se o conteúdo do ovo num recipiente com uma superfície plana (pratos de vidro, travessas) e mede-se a altura da albumina com uma régua concebida especificamente para o efeito.

4.2.2 Unidade Haugh

A unidade Haugh é uma medida utilizada para avaliar a qualidade dos ovos que, para além de ser considerada o melhor parâmetro de avaliação, é uma medida da qualidade do albúmen do ovo.

As perdas de água e de dióxido de carbono através dos poros da casca são menores nos ovos de codorniz do que nos ovos de galinha, devido à maior espessura das membranas da casca. Quanto maior for a altura do albúmen, maior será a unidade Haugh e melhor será a qualidade dos ovos.

A unidade Haugh (UH) é obtida a partir do rácio logarítmico entre o peso do ovo e a altura do albúmen, de acordo com a fórmula exemplificada abaixo (Silva et al., 2000).

[07]$UH = 100\log (H + 7{,}57 - 1{,}7W - 3)$

Ser:

H = altura do albúmen espessado (mm)

W = peso do ovo (g)

4.2.3 Corante de gema

Dois métodos podem ser utilizados para a avaliação da coloração da gema. O primeiro com a utilização de um leque colorimétrico em que a cor da gema é comparada visualmente com as cores existentes no leque, que contém escalas de tonalidades que vão de um (amarelo) a quinze (laranja), como se pode observar na Figura 16.

O segundo método utiliza um colorímetro tri-estímulo (cor, tonalidade e brilho) que deve ser previamente calibrado numa superfície branca. Com a utilização do colorímetro, são avaliados os valores do croma L, que dá a luminosidade com uma variação do branco ($L = 100$) ao preto ($L = 0$), do croma a*, que caracteriza a coloração do vermelho (+ a*) ao verde (-a*) e os valores do croma b*, que caracteriza a coloração do amarelo (+ b*) ao azul (-b*).

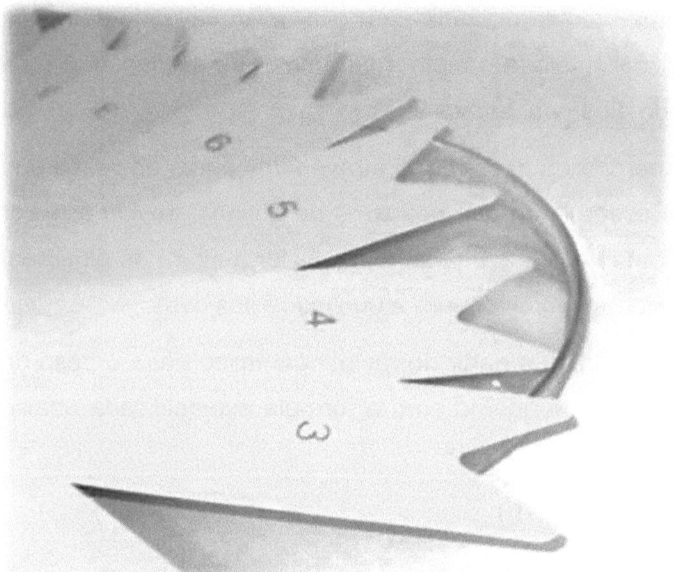

Figura 16. Gama colorimétrica para a avaliação da cor da gema

4.2.4 Pesagem da gema e da clara

A pesagem da gema e da clara pode ser efectuada com a ajuda de um separador de clara e de uma balança digital (figura 17).

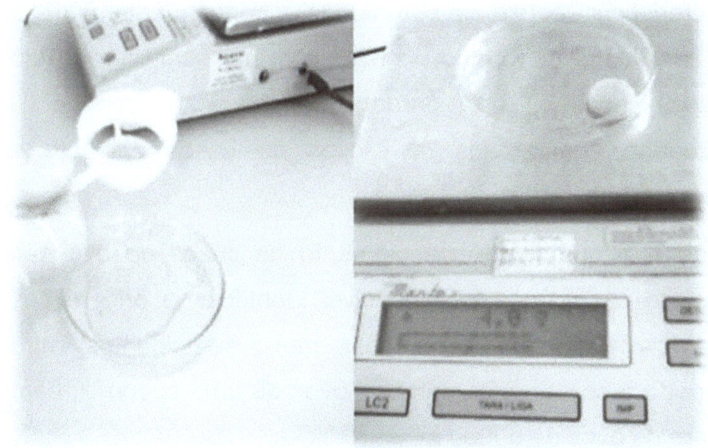

Figura 17. Pesagem da gema e do albúmen separadamente

4.2.5 Pigmentação da casca do ovo

Para além do seu pequeno tamanho, os ovos de codorniz apresentam pigmentações na casca como caraterística clássica de identificação da espécie de que são originários. Alguns autores chegam mesmo a caraterizar a quantidade e o tamanho dos pigmentos (manchas) com factores de reprodução e de qualidade dos ovos, bem como o brilho ou a opacidade da casca. No caso das codornizes japónicas, os ovos brilhantes e com vários pigmentos são caracterizados como sendo de melhor qualidade (Albino e Barreto, 2003).

A pigmentação da casca dos ovos de codorniz indica o tempo de permanência dos ovos no oviduto. Assim, os ovos mais pigmentados são os que permaneceram durante um período mais longo, enquanto os menos pigmentados permaneceram durante um período mais curto, sendo estes últimos considerados ovos imaturos, muitas vezes característicos de aves altamente produtivas.

Albino e Barreto (2003) descreveram que ovos opacos com casca azulada são característicos de aves que levaram de 36 a 48 horas para realizar a postura, ou seja, que permaneceram por um longo período de tempo no oviduto. Estas características reduzem a porosidade e, consequentemente, a permeabilidade da casca. Por outro lado, os ovos com um número reduzido de poros na casca acabam por perder menos peso durante o armazenamento, quando comparados com ovos de casca brilhante e pigmentada (Albino e Barreto, 2003).

A forma, o tamanho e a quantidade de pigmento na casca do ovo são característicos de cada codorniz, sendo possível identificar a origem dos ovos devido às características de pigmentação muito semelhantes entre eles. A figura 18 mostra a semelhança entre os ovos de uma codorniz, bem como a variação entre os ovos de outras aves.

Figura 18. Pormenor da semelhança de pigmentação entre ovos da mesma codorniz.

Os ovos são normalmente pigmentados de forma escura, com manchas castanhas ou pretas, podendo variar em tons de amarelo, castanho, azulado ou esverdeado. A cor da casca é o resultado da deposição de alguns minerais, como o cálcio, cobre, sódio, ferro e os pigmentos biliverdina e porfirina (Albino e Barreto, 2003). Para além de estar relacionada com a qualidade, a pigmentação da casca dos ovos de codorniz é também uma importante caraterística de marketing, sendo considerada um fator de seleção pelo consumidor.

4.2.6 Análise sensorial dos ovos

De acordo com Seibel et al. (2010), a qualidade dos ovos já não é avaliada apenas pelo estado da casca, da clara ou da gema. Nos últimos anos, passou também a ser medida através das propriedades físicas e das modificações nutricionais ou químicas que podem afetar os ovos.

A análise sensorial é uma ferramenta utilizada para verificar as características sensoriais de um determinado alimento, onde podem ser observados alguns atributos como cheiro, textura, sabor, dureza, entre outros.

Para caraterizar um alimento, uma análise sensorial descritiva baseada em terminologias predefinidas para a obtenção de percepções sensoriais é considerada como um passo primário (Seibel et al., 2010).

De acordo com Noronha (2003), a análise sensorial permite ainda diferenciar e caraterizar os atributos sensoriais dos produtos, bem como determinar se as diferenças encontradas são perceptíveis ou aceites pelo consumidor.

O sabor de um alimento, por exemplo, é considerado um atributo decisivo na escolha e aceitação de um alimento, sendo uma resposta que se integra com a sensação de gosto e aroma do produto. O sabor é um atributo que permite a deteção de compostos voláteis nos alimentos, incluindo a presença de açúcares, alguns sais e ácidos que determinam os chamados quatro sabores básicos: doce, salgado, amargo e azedo. O aroma, por sua vez, denota a presença de várias substâncias voláteis com diferentes propriedades físico-químicas, sendo considerado um atributo de avaliação mais complexa (Thomazini, Franco, 2000).

As avaliações sensoriais são realizadas em cabines individuais (Figura 19), com ausência de ruídos e odores, em horários previamente estabelecidos, excluindo-se uma hora antes e duas horas após o almoço, conforme método citado em Moraes (1985). A composição do painel de provadores é de no mínimo 10 pessoas treinadas, que podem ser de ambos os sexos e de diferentes idades.

A seleção dos candidatos para compor o painel treinado pode ser seguida adaptando a metodologia citada por Seibel et al. (2010). Quando inicialmente a seleção de um grupo de provadores deve ser feita, através de testes discriminatórios, nos quais os provadores são instruídos a reconhecer os atributos sabor, aroma e dureza percebidos nas amostras servidas.

Após o período de treino, os provadores realizam três sessões de avaliação. Em cada uma delas, os ovos são cozinhados em água a ferver durante sete minutos e, depois de atingirem a temperatura ambiente, são descascados, se possível com a ajuda de um descascador de ovos de codorniz, mantendo assim um padrão de aspeto e integridade dos ovos.

As amostras podem ser servidas em copos de plástico descartáveis, codificados com números aleatórios de três dígitos, acompanhados de biscoitos, água mineral à temperatura ambiente (para eliminar o sabor residual) e grãos de café (para eliminar o odor) entre amostras.

Em todas as sessões, os provadores devem ser distribuídos em cabinas individuais e orientados para avaliar uma amostra de cada vez, da esquerda para a direita. Para evitar confusão nas respostas, deve ser acesa uma luz vermelha nas cabinas dos provadores para impedir a discriminação visual das amostras pela cor.

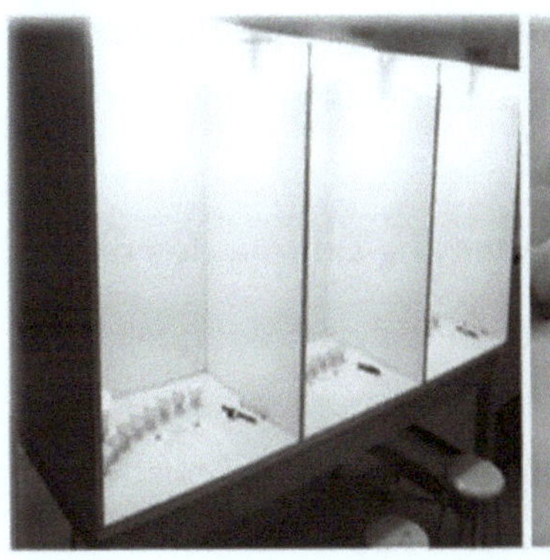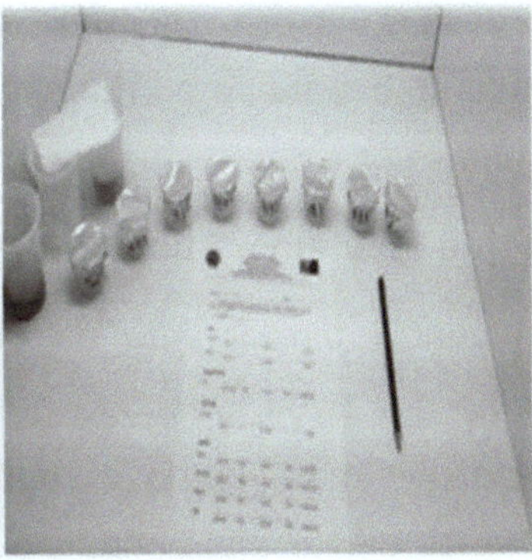

Figura 19. Cabinas individuais para análise sensorial de géneros alimentícios

Na primeira sessão, a avaliação pode ser feita através dos atributos sensoriais dos ovos, numa escala estruturada de 11 cm. Os provadores, nas suas cabinas individuais, recebem uma folha para avaliar os atributos de cor (intensidade da cor amarela e brilho), odor (caraterística do ovo), sabor (ácido, residual, rançoso) através de escalas estruturadas de 11 cm, ancoradas na extremidade esquerda pelo termo "pouco ou ausente" e na extremidade direita pelo termo "forte ou muito forte".

Os provadores devem ser instruídos a indicar com uma linha vertical sob a linha da escala o ponto que melhor representa a intensidade percebida de cada caraterística (Stone e Sidel, 1998).

Na segunda sessão de avaliação, pode ser efectuado o teste discriminativo "teste duo-trio". Trata-se de um procedimento para detetar a diferença sensorial entre uma amostra e um padrão. Neste caso, os juízes são apresentados simultaneamente ao padrão e a duas amostras codificadas. Nesta avaliação, o provador deve identificar a amostra igual ao padrão (IAL, 2008).

Para a terceira sessão de avaliação, pode ser utilizado o teste triangular. Este procedimento é semelhante ao do teste anterior, mas neste caso são apresentadas simultaneamente três amostras codificadas, sendo duas iguais e uma diferente. O provador deve identificar a amostra diferente. A probabilidade de sucesso é P = 1/3. Tal como no teste da sessão anterior, a interpretação do resultado baseia-se no número total de julgamentos versus o número de julgamentos correctos.

4.3 Características que afectam a qualidade interna e externa dos ovos

A idade da ave influencia diretamente as características de qualidade, composição e tamanho dos ovos, uma vez que ocorrem alterações com o aumento da idade da ave mãe, como a redução da taxa de postura, o aumento do tamanho do ovo e alterações na constituição da gema e do albúmen (Rocha et al. 2008).

É importante conhecer o efeito da idade da codorniz na qualidade dos ovos, uma vez que se sabe que a deterioração da qualidade do albúmen e da casca é a causa da redução do desempenho da incubação (Nowaczewski et al., 2010).

5. Gestão das codornizes

5.1 Sexagem

O desenvolvimento da avicultura industrial deve-se, em grande parte, à utilização de técnicas de maneio adequadas. Entre as técnicas de maneio, a sexagem pela cor da plumagem destaca-se como um procedimento que traz lucro à atividade e que tem sido amplamente utilizado nas últimas décadas nas explorações avícolas.

O método consiste em separar os pintos machos e fêmeas em lotes distintos, com base na visualização da coloração das penas pouco depois da eclosão. Nas codornizes japónicas, as fêmeas apresentam uma coloração acastanhada e os machos uma coloração mais escura, próxima do preto. O momento ideal para identificar o sexo da codorniz é entre 10 e 24 horas após a eclosão, quando, de uma forma muito simplificada, a fêmea é mais escura e o macho mais avermelhado.

Ao separar os bandos em pintos machos e fêmeas, o produtor ganha com a possibilidade de produzir aves uniformes com um peso médio adequado à procura de cada mercado. Levando em conta que as necessidades nutricionais de ambos os sexos são diferentes, assim como o manejo.

A sexagem é, portanto, uma técnica utilizada para diferenciar os pintos recém-nascidos em machos e fêmeas.

Para além das duas formas de sexagem já referidas, é ainda possível diferenciar codornizes machos e fêmeas através da visualização da cloaca. No entanto, a sexagem cloacal é um método pouco acessível a muitos e apenas dominado por alguns técnicos agro-industriais.

Com 17 a 20 dias de idade já é possível, no caso das codornizes europeias (*Coturnix coturnix coturnix coturnix coturnix*), separar os machos das fêmeas através da visualização das penas à volta do pescoço e do peito das aves (figura 20). Neste caso, os machos têm penas castanhas ou bege-escuras à volta do pescoço e do peito e as fêmeas têm penas do peito mais claras (brancas) com manchas escuras e sem coloração escura no pescoço.

Figura 20. Diferenciação de machos (esquerda) e fêmeas (direita) de codornizes europeias (*Coturnix coturnix coturnix coturnix*).

5.2 Gestão da reprodução

O acasalamento das codornizes pode ser efectuado ao longo de todo o ano e ocorre na proporção de 3:1, ou seja, três fêmeas para um macho, obtendo-se com esta proporção uma boa percentagem de fertilização dos ovos.

Um aspeto importante em relação ao acasalamento das codornizes é a elevada sensibilidade destas aves à consanguinidade, com geração de animais defeituosos à nascença. Por isso, a recomendação é evitar ao máximo o acasalamento entre gerações próximas. Nesse sentido, para evitar eventos relacionados à consanguinidade, como reduções de rendimento, os produtores estão constantemente buscando incorporar novas linhagens para melhorar sua criação.

Com cerca de 45 dias de idade, as codornizes estão prontas para acasalar e pôr os ovos fertilizados. Este acasalamento pode ser efectuado diariamente, levando o macho para a gaiola das respectivas fêmeas.

As baterias de gaiolas deveriam ser colocadas em pavilhões ou aviários bem ventilados, com uma temperatura de conforto ideal para as aves, uma vez que o calor excessivo reduz a fertilidade dos machos.

5.3 Gestão de pintos

Após a eclosão, quando cerca de 95% dos pintos de codorniz estão "secos", devem ser colocados num ambiente com uma temperatura de aquecimento de cerca de 38 a 39°C. A temperatura deveria ser gradualmente reduzida até as aves deixarem de necessitar de aquecimento artificial. A partir do terceiro dia de vida, a temperatura deve ser reduzida diariamente em 1°C até que a temperatura seja igual à temperatura ambiente.

A água deve ser oferecida ad libitum, tendo o cuidado de molhar os bicos de algumas codornizes para que as outras, através da observação, aprendam onde beber. Os bebedouros manuais devem ser lavados e a água deve ser mudada pelo menos três vezes por dia, sendo os bebedouros automáticos mais recomendados, pois fornecem aos pintos muita água fresca e limpa.

Durante os três primeiros dias de vida, o chão onde os pintos vão ser alojados deve ser forrado com papel ou cartão sobre aparas de madeira. A alimentação inicial pode ser distribuída como desejado sobre esta superfície forrada. Posteriormente, a alimentação deve ser oferecida em comedouros do tipo tabuleiro.

As aves são criadas neste ambiente até poderem ser transferidas para aviários ou baterias de reprodução, altura em que se procede à seleção das aves para reprodução, postura ou engorda.

5.4 Gestão da criação

O período de criação decorre entre os 16 e os 45 dias de idade. Durante este período, as aves continuam a receber ração e água ad libitum. Aos 30 a 35 dias de idade, as fêmeas podem ser alojadas em gaiolas e começar a receber ração inicial.

5.5 Gestão da colocação

A quantidade de ração por ave/dia deve ser de 30 a 35 gramas, e a água deve ser sempre fornecida ad libitum. Para uma alta taxa de postura, o ambiente das codornas em produção deve ser bem iluminado durante 17 horas, de preferência por luz natural e com o auxílio de lâmpadas de 15 watts, uma para cada 5,00 m_2 de galpão.

5.6 Manuseamento dos ovos

Os ovos destinados à comercialização devem, de preferência, ser recolhidos duas vezes por dia. A primeira recolha deve ser efectuada de manhã e a segunda ao fim da tarde. Os ovos devem ser acondicionados em recipientes adequados e mantidos sob refrigeração, a fim de preservar as suas qualidades nutritivas.

É importante sublinhar que os ovos destinados ao consumo humano não devem ser fecundados, ou seja, não devem provir de uma produção com a presença de machos. Esta medida de precaução serve para evitar possíveis surpresas para o consumidor ao abrir os ovos em casa, pois só depois de fecundados e dependendo da temperatura e do tempo é que o embrião pode se desenvolver.

Neste sentido, a legislação brasileira não permite a comercialização de ovos fertilizados através de uma lei federal. Tais exigências e regulamentações podem ser encontradas e consultadas nos serviços de inspeção federal, estadual ou municipal. No entanto, apesar da existência de regulamentação, é possível encontrar e adquirir esses produtos em mercados informais. Assim, os ovos destinados ao consumo humano de forma regulamentada são provenientes de granjas que criam apenas codornas fêmeas e, portanto, seus ovos não são fertilizados.

5.7 Gestão de incubadoras

Os ovos destinados à incubação são os que resultam do acasalamento entre machos e fêmeas numa proporção de 3:1, ou seja, três fêmeas para cada macho. Nas 48-72 horas seguintes ao acasalamento, os ovos podem já estar fecundados. No entanto, como garantia de que todos os ovos são férteis, a primeira recolha para incubação é geralmente efectuada cerca de 10 a 14 dias após o acasalamento.

É aconselhável que os ovos de codorniz não sejam armazenados durante mais de oito dias, uma vez que após esse período as taxas de eclosão tendem a diminuir drasticamente. Após a recolha, os ovos devem ser armazenados com a câmara de ar para cima, ou seja, com o lado pontiagudo para baixo, e num local fresco.

Para a incubação dos ovos, pode utilizar-se o método natural, mas como as codornizes fêmeas não têm normalmente a caraterística de pôr ovos, podem utilizar-se galinhas poedeiras miniatura, que o fazem muito bem.

O método de incubação artificial utiliza desde incubadoras de fabrico caseiro (fabricadas ou adaptadas pelo produtor) até incubadoras industriais de vários tamanhos. A figura 21 ilustra uma incubadora artificial com capacidade para incubar até 2.000 ovos de codorniz.

Os ovos para incubação devem ser fertilizados. Por conseguinte, nas explorações que produzem ovos férteis, as codornizes fêmeas e machos são criadas em conjunto no seu efetivo.

Os ovos para incubação devem ser armazenados nos pavilhões durante um curto período de tempo e enviados para a incubadora pelo menos duas vezes por semana.

Figura 21. Incubadora artificial com capacidade para 2.000 ovos de codorniz.

O Ministério da Agricultura, Pecuária e Abastecimento (MAPA) no Brasil através da Instrução Normativa (IN) n° 05 de 14/02/2017 - Art.64 - Parágrafo Único determina que na produção de ovos de codorna seja dispensada a etapa de ovoscopia.

A ovoscopia é um instrumento utilizado para a inspeção interna dos ovos destinados à incubação. Através da ovoscopia, é possível observar se os ovos são férteis e se os embriões estão vivos. Este processo permite eliminar os ovos inférteis ou os ovos com embriões mortos. No entanto, este método é mais frequentemente utilizado para a classificação e a observação dos ovos de galinha (figura 22).

Figura 22. Processo de ovoscopia para a classificação dos ovos de galinha (não efectuado nos ovos de codorniz).

Após a classificação, os ovos podem ser colocados nos tabuleiros de incubação. Como medida de biossegurança, os ovos passam por um processo de sanitização para manter a sua integridade em relação à presença de agentes patogénicos. Entre as medidas de biossegurança que podem ser adoptadas está a sanitização a seco ou a fumigação (solução de formalina e permanganato de potássio). Esta operação não deve ser efectuada se os ovos tiverem sido armazenados durante mais de 12 dias.

Os ovos férteis podem ser armazenados em salas específicas, denominadas salas de ovos, que se destinam ao armazenamento dos ovos para incubação até à sua colocação na incubadora. É importante que os ambientes onde os ovos são armazenados (galpão, transporte e sala de ovos) tenham condições semelhantes para evitar mudanças bruscas de temperatura e de humidade que provoquem a condensação (transpiração), o arrefecimento ou o aquecimento dos ovos.

A conservação dos ovos tem alguns efeitos importantes:

O nascimento diminui com o tempo de armazenamento prolongado - o efeito aumenta com o tempo de armazenamento prolongado, (após 6 dias, ocorre uma redução de 0,5 a 1,5% por dia) com um aumento progressivo com o passar dos dias;

A taxa de eclosão e a qualidade dos pintos estão seriamente comprometidas nos ovos armazenados durante 14 dias ou mais.

As trocas gasosas através dos poros da casca do ovo ocorrem durante o armazenamento. O dióxido de carbono é disperso para fora do ovo e a sua concentração diminui. Os ovos também perdem humidade durante o armazenamento. A perda de dióxido de carbono e de humidade durante o armazenamento contribui para a redução da eclodibilidade e da qualidade dos pintos. A este respeito, as condições de armazenamento devem ser tais que estas perdas possam ser minimizadas.

Os ovos podem ser armazenados em caixas fechadas ou abertas, sendo na maioria dos casos colocados em tabuleiros de incubação em carrinhos. A temperatura deve ser de cerca de 18°C e a humidade relativa de cerca de 75%. A fim de evitar a condensação e, consequentemente, o desenvolvimento de fungos, é importante que, durante o armazenamento, os ovos sejam cuidadosamente arrefecidos e secos antes da incubação.

O período de incubação dos ovos de codorniz é de 17 dias, ou seja, menos três dias do que o período de incubação dos ovos de galinha. Os factores que determinam o tempo de incubação são: a temperatura, a humidade e a qualidade da casca do ovo.

A temperatura ideal nas incubadoras de ventilação forçada deve ser constante e manter-se em torno dos 37,7°C, enquanto a humidade deve ser de 60%. Se os ovos forem transferidos para o nascedouro (cerca de três dias antes da eclosão), a humidade deve rondar os 70-75% e a temperatura deve ser próxima dos 37°C.

A incubadora difere da máquina de incubação por duas razões principais: na máquina de incubação os ovos são colocados em tabuleiros com espaçamento individual e com a extremidade mais fina dos ovos virada para baixo. A segunda razão está relacionada com a viragem dos ovos na incubadora, onde os tabuleiros são movidos horizontalmente num ângulo de até 45°C (Figura 23).

A viragem dos ovos tem por objetivo evitar que o embrião se cole à membrana da casca do ovo, especialmente durante a primeira semana de incubação. Além disso, a viragem também contribui para o desenvolvimento das membranas embrionárias. À medida que o embrião se desenvolve e aumenta a sua capacidade de produzir calor, a viragem constante ajuda a circulação do ar e contribui para a redução da temperatura.

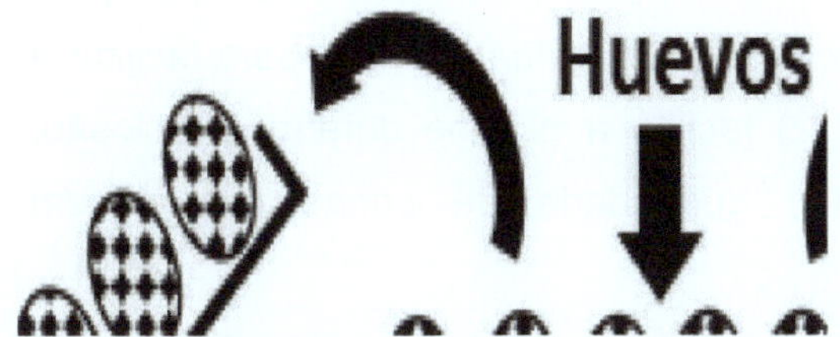

Figura 22. Esquema da viragem dos ovos nos tabuleiros da incubadora a 45°C.

A figura 24 mostra uma incubadora artificial doméstica em que os tabuleiros de plástico utilizados para a comercialização dos ovos para incubação dos pintos podem ser adaptados na parte inferior.

Na incubação industrial, cerca de três dias antes da data prevista para o nascimento, os ovos são transferidos para as câmaras de incubação. Os ovos são dispostos num tabuleiro de compartimento único que permite aos pintos romperem a casca do ovo mais facilmente e com mais espaço.

Figura 23. Incubadora de ovos doméstica com tabuleiros de incubação adaptados

A transferência dos ovos para a câmara de eclosão é efectuada por duas razões principais: 1) os ovos são colocados de lado (deitados) para facilitar a livre circulação do pinto nascido; 2) facilita a higiene durante a eclosão, quando é produzida uma grande quantidade de penas que podem contaminar a incubadora.

Quando os ovos são transferidos demasiado cedo ou demasiado tarde, o embrião é exposto a condições menos favoráveis, reduzindo assim a sua eclodibilidade. Por conseguinte, a transferência deve ser efectuada com cuidado e rapidamente, evitando o arrefecimento dos ovos, o que pode provocar um atraso na eclosão ou a morte do embrião.

É importante notar que, nesta fase, a casca do ovo é mais frágil, uma vez que o embrião retira cálcio da casca para a formação do seu esqueleto. Assim sendo, é preciso ter muito cuidado durante a transferência para evitar que os ovos se quebrem. Outro pormenor a ter em conta é que os tabuleiros devem estar limpos e secos no momento da transferência, pois os tabuleiros molhados arrefecem os ovos quando a água se evapora. Além disso, o manuseamento incorreto dos ovos durante esta fase pode provocar a rutura dos embriões e hemorragias.

O sucesso de uma incubadora é medido pelo número de pintos de qualidade produzidos. Por outro lado, o sucesso da produção de pintos também depende da qualidade dos ovos a nível da exploração.

A fertilidade, por exemplo, é um fator completamente influenciado pela gestão da exploração, uma vez que a incubadora não pode melhorar a fertilidade dos ovos. Entre os problemas que podem surgir durante o processo de incubação estão:

a)   Ovos não fertilizados - poucos machos, machos velhos, estéreis na exploração;

b)   Morte embrionária precoce - temperatura da incubadora demasiado alta ou demasiado baixa, baixo teor de vitaminas na alimentação ou falta de fumigação dos ovos;

c)   Morte embrionária tardia - temperaturas impróprias, viragem inadequada e ventilação insuficiente;

d)   Ovos picados com pintos mortos - baixa humidade, temperatura média-baixa ou temperatura excessiva;

e)   Eclosão precoce - temperatura elevada na incubadora;

f)   Eclosão tardia - temperatura da incubadora muito baixa;

g)   Pintos presos à casca - baixa humidade durante a eclosão;

h)   Pintos malformados - factores letais ou outras causas hereditárias e temperatura irregular.

Para evitar problemas com a incubação dos ovos, alguns cuidados devem ser tomados durante o manuseio dos ovos para incubação, entre eles:

a)   Evitar o choque térmico do embrião;

b)   Assegurar uma boa circulação de ar à volta dos ovos;

c)   Manusear sempre os ovos com cuidado para evitar que se partam;

d)   Deitar fora os ovos impróprios para incubação, tendo o maior cuidado na seleção dos ovos;

e) Manter a extremidade pontiaguda do ovo para baixo;

f) Armazenar os ovos numa câmara separada com temperatura e humidade controladas;

g) Assegurar uma higiene correcta e completa.

h) Durante a operação de incubação, é importante manter a temperatura e a humidade correctas.

i) Permitir uma troca de gases adequada, virando frequentemente os ovos.

Os pintos estão prontos para serem retirados da incubadora quando a maioria dos pintos estiver seca (5% com o pescoço ainda húmido são aceitáveis). Um erro comum é deixar os pintos na incubadora mais tempo do que o necessário, o que provoca a desidratação dos pintos. A desidratação dos pintos pode ser o resultado de um erro no ajuste do tempo da incubadora em relação à idade dos ovos. No caso de os ovos estarem "verdes" aquando da eclosão, deve ser verificada a possibilidade de arrefecimento durante o processo de incubação, o que reduz o grau de desenvolvimento. Ao retirar os pintos da incubadora, estes devem ser classificados de acordo com a sua qualidade (qualidade superior ou descartados) e só depois devem ser libertados para o seu destino.

5.8 Factores que interferem com a eclosão dos ovos férteis

5.8.1 Gestão nutricional

Para além de uma temperatura adequada, humidade, viragem regular, ventilação e posicionamento, o embrião necessita de todos os nutrientes essenciais (proteínas, hidratos de carbono, gorduras, minerais e vitaminas) para o seu desenvolvimento durante o período de incubação.

A eclodibilidade e a qualidade dos pintos no momento da eclosão podem ser influenciadas por uma série de factores, tais como a idade da matriz, os nutrientes fornecidos pela ração e o tempo de armazenamento dos ovos antes da incubação. Os factores intrínsecos são também extremamente importantes para o sucesso da incubação dos ovos, tais como a humidade, a temperatura da sala de armazenamento, da incubadora e do nascedouro.

5.8.2 Idade do criador

O desempenho da eclosão, o peso e a qualidade dos pintos dependem de vários factores, incluindo, entre outros, a idade da ave mãe que, por sua vez, influencia o peso do ovo (Rocha et al., 2008).

Os ovos das aves jovens têm uma casca mais grossa e um albúmen mais denso, o que reduz as perdas de humidade e as trocas gasosas (Brake et al., 1997). Estes factores, aliados à baixa capacidade das aves jovens em transferir lípidos para a gema do ovo, acabam por comprometer o desenvolvimento embrionário, a viabilidade embrionária e, consequentemente, a eclosão dos ovos (Fasenko, 2003).

As reprodutoras mais velhas produzem ovos mais pesados e, por conseguinte, acabam por eclodir menos, uma vez que os embriões desenvolvidos em ovos maiores são menos resistentes ao calor metabólico produzido no final do período de incubação (Lourens et al., 2006).

No entanto, os reprodutores mais velhos produzem ovos com gemas maiores. Por conseguinte, os ovos fornecerão mais nutrientes aos pintos aquando da eclosão (Rocha et al., 2008). A este respeito, os ovos maiores exercem uma influência positiva no ganho de peso e no consumo de ração das codornizes europeias aos 21 e 42 dias de idade.

5.8.3 Nutrientes dos alimentos para animais

Um dos factores mais importantes para o sucesso de uma operação de criação, seja para a produção de carne ou de ovos, é a qualidade da alimentação.

Por este motivo, os ingredientes utilizados no fabrico dos alimentos para animais devem ser de origem e qualidade garantidas. Os ingredientes devem ter taxas de digestibilidade elevadas para uma melhor utilização dos nutrientes.

A digestibilidade dos nutrientes e o seu valor energético são influenciados pelo rápido tempo de trânsito da digesta através do intestino (1 a 1,5 horas nas codornizes versus 3 a 5 horas nas galinhas), sendo as codornizes capazes de utilizar melhor a energia da fibra alimentar devido ao maior tamanho relativo do ceco (Sakamoto et al., 2006). Por outro lado, a utilização de lípidos reduz a velocidade de trânsito da digesta através do trato gastrointestinal, permitindo melhorar a absorção de todos os ingredientes da dieta (Baião e Lara, 2005).

Os nutricionistas recomendam um nível mínimo de 2% de ácido linoleico na dieta das aves de capoeira no início da produção. Scragg et al. (1987) verificaram que níveis de até 2,7% de ácido linoleico na dieta proporcionavam um aumento do peso dos ovos. No entanto, outros estudos já demonstraram que níveis superiores a 1,2% e 2,4% de ácido linoleico (Brake et al., 1989) não têm qualquer influência no peso dos ovos.

São necessários 2% de ácido linoleico na dieta para proporcionar um aumento do peso dos ovos (Menge, 1968), sendo este efeito mais significativo nas aves mais jovens (Whitehead et al., 1991). Além disso, a utilização de óleos ricos em ácidos gordos polinsaturados na dieta melhora a eclodibilidade e o desempenho (Baião e Lucio, 2005).

O albúmen e a gema são responsáveis pelo fornecimento de nutrientes ao embrião (Santos et al., 2009), sendo o saco vitelino o principal reservatório de nutrientes nas primeiras 24 horas de vida do pintinho (Vieira e Moran Jr., 1999).

Segundo Ribeiro et al. (2008), devido ao melhor desenvolvimento ao nascimento, os pintos mais pesados podem ter carcaças mais desenvolvidas e sacos vitelinos mais pequenos, ou carcaças menos desenvolvidas e sacos vitelinos maiores, o que aumenta a sobrevivência antes da alimentação exógena.

No que respeita ao desempenho das codornizes, os resultados divergentes encontrados na literatura podem ser explicados pela aptidão, genética ou linha estudada e também pelos níveis nutricionais das dietas.

A inclusão de certos tipos de óleo na dieta, como o óleo de canola, promove a incorporação de ácidos gordos altamente insaturados na gema do ovo, o que consequentemente aumenta o seu potencial oxidativo. Neste sentido, Paton et al. (2002) verificaram que o micromineral selénio tem efeitos benéficos no desenvolvimento embrionário.

Na reprodução, o selénio é um dos principais minerais que actuam como antioxidantes, aumentando a fertilidade masculina e melhorando assim a reprodução (Alonso et al. 1997). Os antioxidantes actuam protegendo a membrana mitocondrial presente nos espermatozóides, que são responsáveis pela motilidade, fluidez e aumento da flexibilidade da membrana. No entanto, para desempenhar estas funções, as mitocôndrias necessitam de níveis elevados de ácidos gordos polinsaturados. No entanto, estes níveis elevados deixam a célula com uma maior produção de radicais livres e vulnerabilidade à oxidação (Surai, 2002).

Entre os factores relacionados com os ingredientes da ração, as variações individuais, a humidade, a frequência, o tempo de fornecimento da ração (Murakami e Furlan, 2002), a composição da ração, o aspeto físico e a quantidade ingerida são factores decisivos que estão diretamente relacionados com a eficiência alimentar dos animais (Leandro et al., 2001).

6. Nutrição e alimentação

Uma das principais funções dos alimentos para animais é fornecer energia ao organismo para o desempenho de todas as funções animais. No entanto, é importante conhecer a sua natureza química e física, uma vez que esta influencia tanto a ingestão de matéria seca como a digestão e utilização dos nutrientes.

Os custos com a alimentação das codornizes tendem a ser mais elevados em comparação com os das galinhas poedeiras e frangos, tendo em conta que a alimentação das codornizes contém uma maior concentração de proteínas (Silva et al., 2012).

Por outro lado, com o avanço de novas pesquisas, novos dados relacionados à nutrição de codornas têm surgido na literatura nacional e internacional (Silva et al., 2012). Com os resultados destas pesquisas, cada vez mais é possível formular dietas com menor custo e melhor retorno económico.

Embora as exigências nutricionais das codornizes não sejam as mesmas que as das galinhas poedeiras e dos frangos de carne, estas utilizam a energia do milho e do farelo de soja de forma semelhante. No entanto, não é aconselhável alimentar as codornizes com alimentos provenientes de frangos e galinhas poedeiras, uma vez que as codornizes necessitam de menos cálcio e mais aminoácidos (Silva et al., 2012).

Em termos de melhoramento genético, enquanto as codornizes de engorda (europeias) foram seleccionadas para uma elevada taxa de aumento de peso (Aggrey et al., 2003), as codornizes de postura (japonesas) foram criadas para uma elevada produção de ovos, numa tentativa de produzir produtos mais nutritivos e de melhor qualidade com um teor de colesterol mais baixo (Minvielle e Oguz, 2002).

As codornas de engorda crescem mais rapidamente que as codornas de postura, atingindo o pico de crescimento por volta dos 27 dias de idade, onde provavelmente há uma maior deposição de proteína e água na carcaça. A partir desta altura, o crescimento abranda e verifica-se uma maior deposição de gordura nas vísceras com retenção de nutrientes no ovário, no caso das fêmeas, e um aumento das exigências alimentares (Silva et al., 2011).

Às cinco semanas de idade, as codornizes de engorda ganham cerca de 25 vezes o seu peso inicial, e as fêmeas podem ser 10% mais pesadas do que os machos entre a sexta e a oitava semanas de idade (Silva et al., 2006).

Como as rações formuladas a partir das recomendações nutricionais para frangos de corte ou poedeiras não têm tudo o que as codornizes necessitam para a produção, é importante conhecer as exigências nutricionais para a otimização da capacidade produtiva destas aves.

Para a formulação de dietas para codornizes, são normalmente utilizadas tabelas de exigências nutricionais de outros países, como as do NRC (1994) e do INRA (1999). No entanto, estas tabelas podem apresentar valores extrapolados de energia metabolizável e de necessidades nutricionais para frangos de carne, poedeiras e perus (Barreto et al., 2006). Por conseguinte, podem não satisfazer corretamente as necessidades destas aves.

Além disso, nos últimos anos, essa ave vem passando por um constante processo de melhoramento genético para melhor produção de carne ou ovos. Por isso, é importante lembrar que os valores tabelados devem ser tomados com cautela e devem ser atualizados por nutricionistas e produtores (Villela, 1998).

Por outro lado, as necessidades nutricionais das codornizes podem variar, entre outros factores, com a idade, o sexo, o ambiente, os níveis de energia e de aminoácidos. No entanto, as necessidades são geralmente estimadas de acordo com a quantidade de nutrientes necessária para desempenhar as funções corporais básicas e as funções produtivas de forma mais eficiente (Garcia et al., 2006).

A energia da dieta, em geral, provém da utilização de proteínas, carboidratos e lipídios, sendo os lipídios as melhores fontes de energia a serem utilizadas pelos animais, pois além de fornecerem energia com baixo incremento calórico, são fontes de ácidos graxos essenciais para a manutenção da estrutura e função da membrana celular.

As propriedades nutricionais dos alimentos estão diretamente relacionadas com a quantidade e qualidade dos seus constituintes, que podem ser divididos em primários e secundários. Os constituintes primários incluem as proteínas, os hidratos de carbono, os lípidos, as vitaminas, os minerais e a água. Os constituintes secundários incluem enzimas, ácidos orgânicos, pigmentos e outros. As substâncias primárias e secundárias são responsáveis pelas características nutricionais e sensoriais dos alimentos e actuam de forma diferenciada. Por conseguinte, as aves necessitam de receber as proporções e quantidades correctas de nutrientes para poderem desempenhar eficazmente as suas funções produtivas e reprodutivas.

6.1 Proteínas e aminoácidos

As proteínas são constituídas por aminoácidos e representam as estruturas principais da maior parte da estrutura corporal das aves. Também desempenham um papel na síntese dos tecidos, no metabolismo do corpo, no tamanho e no número de ovos.

Os chamados aminoácidos essenciais são aqueles que não são produzidos pelo organismo animal ou que não são produzidos em quantidades suficientes. Assim, apenas nove dos 20 aminoácidos requeridos pelas codornizes são considerados essenciais (D'Mello, 2003).

Os aminoácidos mais utilizados são a metionina, a lisina e a treonina, porque são, respetivamente, o primeiro, o segundo e o terceiro aminoácidos limitantes na alimentação das aves de capoeira (frangos e poedeiras), sendo essenciais para o desenvolvimento, o crescimento e a produção de ovos.

A metionina é o primeiro aminoácido limitante em rações à base de milho e farelo de soja para codornas (Mandal et al., 2005). Sendo o primeiro aminoácido da cadeia polipeptídica das proteínas, actua no transporte e doação de grupos metil para a síntese de colina a partir da etanolamina, doa enxofre à serina, o que resulta na síntese de cisteína, e pode ser um indicador do estado nutricional do animal em vitamina B12 (D'Mello, 2003).

A treonina é considerada o terceiro aminoácido mais limitante em dietas à base de milho e farelo de soja para frangos e perus, mas é o segundo aminoácido mais limitante, depois da metionina, em dietas para codornas (Mandal et al., 2006). A treonina não tem precursores intermédios e o isómero D não pode ser convertido no organismo em isómero L (D'Mello, 2003), pelo que é necessário que a dieta contenha 100% das necessidades das aves. A treonina está ainda envolvida na síntese e secreção de mucina, amilase e crescimento da mucosa intestinal.

Os perfis de aminoácidos das fontes proteicas utilizadas nas dietas das aves normalmente não atendem às necessidades metabólicas de manutenção, crescimento dos tecidos e produtos (Bertechini, 2006). Como as aves não armazenam proteínas, torna-se necessário o fornecimento diário de quantidades adequadas de aminoácidos industriais para atender às exigências das aves sem excesso ou deficiência, sem prejudicar o crescimento dos animais ou aumentar os custos da ração (Macari et al., 2002).

No entanto, a diminuição da síntese proteica corporal e da deposição de proteína no ovo pode também resultar da diminuição da digestibilidade (fração da ração consumida e não recuperada nas excreções) que, por sua vez, altera a eficiência de utilização e a biodisponibilidade da maioria dos aminoácidos (Silva et al., 2006).

Nesse sentido, a utilização de estratégias nutricionais para melhorar a composição e a qualidade dos produtos de origem animal destinados à alimentação da população é um elo entre a produção animal, a tecnologia de alimentos e a nutrição humana (Barreto et al. al., 2006). Dentre as fontes protéicas, o farelo de soja, devido ao seu balanço de aminoácidos, é o principal ingrediente utilizado nas dietas (Albino e Barreto, 2003).

6.1.1 Proteína ideal

A proteína é um dos principais nutrientes utilizados na formulação de dietas para aves de capoeira. Representa um custo considerável na produção avícola, uma vez que tem de ser adicionada em grandes quantidades e não é barata. No entanto, é essencial, pois é responsável pela deposição de proteínas na carcaça, influenciando o ganho de peso e a conversão alimentar dos animais.

Inicialmente, as formulações de dietas para aves de capoeira baseavam-se nos níveis de proteína bruta. Posteriormente, as fórmulas foram ajustadas de acordo com os níveis de aminoácidos totais para satisfazer as necessidades proteicas dos animais. No entanto, a formulação baseada nos aminoácidos totais tende a ficar aquém dos níveis proteicos ideais, principalmente devido à variabilidade da digestibilidade dos aminoácidos nos diferentes ingredientes. Neste caso, os níveis de alguns aminoácidos podem ser fornecidos abaixo ou acima das necessidades dos animais. Neste último caso, o resultado é o desperdício, com o consequente aumento dos custos de produção dos alimentos para animais (devido ao aumento das proteínas), bem como o aumento do impacto ambiental devido ao aumento da excreção de azoto dos excrementos dos animais.

Nesse sentido, como cada alimento tem seu próprio valor de digestibilidade, os níveis de proteína são mais bem alcançados quando os níveis de aminoácidos digestíveis são considerados na formulação das dietas. As tabelas de composição dos alimentos fornecem os valores de aminoácidos digestíveis necessários para a formulação das dietas, permitindo que os nutricionistas satisfaçam as necessidades proteicas reais das aves com a formulação (Rostagno et al., 2011).

O conceito de proteína ideal surgiu da necessidade de adequar as dietas às reais necessidades dos animais, evitando ao máximo o desperdício de ingredientes nas formulações com conseqüente melhora no aproveitamento da ração pelas aves, bem como melhorando seu desempenho.

A proteína ideal pode ser definida como o equilíbrio exato dos aminoácidos essenciais com o fornecimento de aminoácidos não essenciais. Assim, as formulações à base de proteínas ideais devem ser capazes de satisfazer as necessidades de manutenção e de produção dos animais sem sub ou sobrestimar qualquer aminoácido, permitindo simultaneamente uma deposição máxima de proteínas na carcaça. Neste sentido, é possível formular uma dieta com maior economia e melhor utilização dos aminoácidos, reduzindo simultaneamente o impacto ambiental devido à menor excreção de azoto proteico.

No conceito de proteína ideal, é utilizado um aminoácido padrão, a partir do qual é possível calcular a quantidade necessária dos outros aminoácidos.

O aminoácido padrão escolhido foi a Lisina por ser mais utilizado na síntese protéica, por ter maior número de trabalhos publicados e por sua análise ser menos dispendiosa que a da metionina e cisteína (Jordão Filho et al., 2006).

A quantidade de aminoácidos de referência deve ser calculada considerando as percentagens ou proporções ideais de acordo com as necessidades das aves, respeitando o seu estado fisiológico, idade, bem como factores anti-nutricionais e genéticos (linhagem, sexo, condição corporal), para além das condições ambientais (Baker et al., 2002).

A adição de aminoácidos sintéticos nas formulações permite uma menor inclusão de ingredientes ricos em proteínas, por exemplo, farelo de soja, ou ingredientes ricos em energia (óleos e gorduras), reduzindo os custos alimentares.

Por conseguinte, o conceito de proteína ideal permite satisfazer as necessidades nutricionais dos animais, com uma melhor utilização dos ingredientes e uma redução dos custos de alimentação.

6.2 Hidratos de carbono

Os hidratos de carbono são aldose (polihidroxialdeído) ou cetoses (polihidroxicetonas) e podem ser divididos em monossacáridos, oligossacáridos ou polissacáridos. Estas substâncias encontram-se nos alimentos naturais e constituem a principal fonte de energia disponível nos alimentos para aves de capoeira.

O amido (polissacárido) é uma fonte de energia para animais e plantas, e pode ser encontrado em raízes, sementes e tubérculos. É constituído por dois tipos de polímeros de glucose, a amilose e a amilopectina (Figura 25), que variam consoante a espécie e o grau de maturação.

A amilose é formada por uma cadeia linear de unidades de D-glucose, ligadas entre si por ligações α-1,4 glicosídicas, e pode conter entre 350 e 1000 unidades de glucose na sua estrutura. Tem uma estrutura helicoidal, α-hélice, formada por ligações de hidrogénio entre os radicais hidroxilo das moléculas de glucose.

A amilopectina é constituída por cadeias lineares de 20 a 25 unidades de D-glucose ligadas em α1,4. Estas cadeias estão ligadas entre si por ligações glicosídicas α1,6, formando as ramificações, que ocorrem entre cada 24 e 30 resíduos de glucose. A amilopectina contém de 10 a 500 mil unidades de glicose e tem uma estrutura esférica.

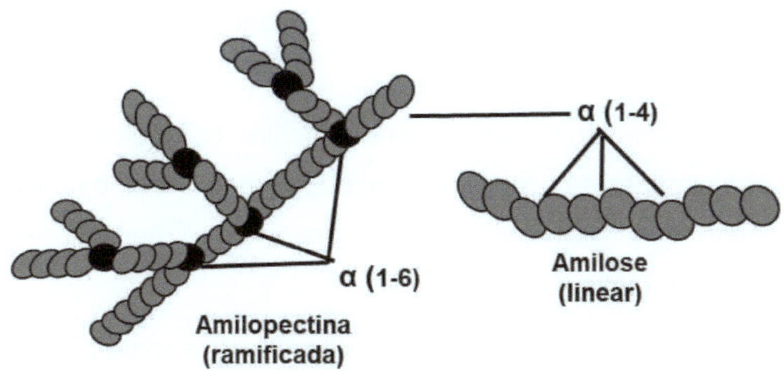

Figura 24. Esquema da estrutura química da amilopectina e da amilose.

Os produtos finais da digestão dos hidratos de carbono são açúcares simples que são metabolizados para produzir água, CO_2 e energia. O amido, a celulose e o glicogénio são os principais polissacáridos de polímeros de glucose importantes na alimentação das aves de capoeira.

O amido destaca-se como o principal polissacárido digerível das plantas, presente em grandes quantidades nos grãos de cereais. A celulose é um polímero de glucose com ligações beta 1-4. A digestibilidade da celulose para as aves de capoeira é geralmente muito limitada, no entanto, desempenha um papel importante no controlo da taxa de passagem da digesta através do trato digestivo das aves de capoeira. O glicogénio, por sua vez, é a forma de reserva de hidratos de carbono no corpo do animal, servindo como fonte de energia para utilização direta pelas aves.

Dentre as fontes de carboidratos utilizadas na fabricação de rações, destacam-se o milho, o sorgo e o farelo de trigo. Fontes alternativas também são recomendadas em casos de tentativas de redução de custos das rações (Albino e Barreto, 2003).

6.3 Lípidos

Os ácidos gordos são os principais componentes da estrutura lipídica (Gomes e Tirapegui, 2000), que por sua vez são os produtos de hidrólise dos triglicéridos e estão presentes nas gorduras animais e vegetais em número par de carbonos, devido à biossíntese de duas unidades de carbono (Bertechini, 2006).

Os ácidos gordos são necessários para várias funções fisiológicas. Os monogástricos não são capazes de sintetizar os ácidos gordos linoleico (ω-6) e linolénico (ω-3), pelo que são considerados essenciais e devem ser fornecidos através da alimentação (Dolz, 1996).

Segundo Butolo, (2002), os ácidos gordos são classificados de acordo com o comprimento da cadeia e dividem-se em: ácidos gordos de cadeia curta (com menos de 8 carbonos); ácidos gordos de cadeia média (com 8 a 11 carbonos); ácidos gordos de cadeia intermédia (com 12 a 15 carbonos) e ácidos gordos de cadeia longa (igual ou superior a 16 carbonos).

Consoante a presença ou ausência de ligações duplas, os ácidos gordos podem ser definidos como saturados (sem ligações duplas), monoinsaturados (com uma ligação dupla) e polinsaturados (com duas ou mais ligações duplas).

Os ácidos gordos insaturados caracterizam-se por possuírem 16 ou mais átomos de carbono na sua estrutura química, duas ou mais ligações duplas que se diferenciam em várias séries ou famílias, como omega 9 (ω-9), omega 6 (ω-6), omega 3 (ω-3), entre outros. As famílias mais importantes são o ómega 9 (C18:1), o ómega 6 (C18:2), derivado do ácido linoleico (LA), e o ómega 3 (C18:3), derivado do ácido α-linolénico (LNA). Dependendo da posição da primeira ligação dupla, a partir do grupo metilo, os nomes das séries são derivados do sexto ou terceiro átomo de carbono, respetivamente (Briz, 1997).

Os lípidos estão envolvidos na regulação do metabolismo animal, fazendo parte da estrutura das prostaglandinas e das hormonas esteróides, e a sua principal função como nutriente é a produção e armazenamento de energia, mas são também importantes fontes de ácidos gordos essenciais (Bernardino, 2009).

Os ipeptídeos também desempenham um papel importante na produção e regulação dos eicosanóides. Os eicosanóides são derivados do ácido linoleico (ω-6) e do ácido araquidónico (AA) e serão precursores da prostaglandina E2 (PGE2). No entanto, a enzima dessaturase, que tem como função diminuir a produção de ácido araquidónico, é inibida pelo ácido linolénico (ω-3), o que implica uma diminuição da PGE2 (Hirayama et al., 2006). Assim, é possível que o consumo elevado de alimentos ricos em ácido linoleico, associado a um baixo consumo de ácido linolénico, possa resultar em perturbações na produção de eicosanóides.

Os ácidos gordos constituem as unidades básicas dos lípidos e a sua determinação é essencial para o conhecimento da qualidade dos óleos e gorduras, para a verificação do seu valor nutricional e dos efeitos do processamento dos alimentos.

Os lípidos, como fonte de energia nas dietas, produzem 2,25 vezes mais calorias do que os hidratos de carbono. De acordo com o NRC (1994), a utilização de gorduras nas formulações das rações proporciona um efeito benéfico para as aves, melhorando a eficiência de utilização da energia consumida, devido ao menor aumento calórico do metabolismo lipídico, palatabilidade, conversão alimentar e absorção de vitaminas. Reduz também a pulverulência e as perdas de nutrientes (Nunes, 1998).

O uso de óleos em dietas para aves é utilizado quando se deseja aumentar o nível de energia, melhorar a conversão alimentar, proporcionar maior absorção de vitaminas lipossolúveis e aumentar a eficiência da ingestão de energia. Para este efeito, podem ser utilizadas diferentes fontes de lípidos, como o óleo de soja, o óleo de canola, o óleo de peixe ou uma mistura destes (Baiâo e Lara, 2005).

A energia influencia o desempenho e o rendimento de carcaça das aves. Além disso, afeta o custo da dieta devido ao grande volume de ingredientes em sua composição (Albuquerque et al., 2003).

6.3.1 Ácidos gordos essenciais

Os ácidos gordos essenciais não são sintetizados pelos animais. Por conseguinte, devem ser fornecidos através da alimentação, uma vez que são essenciais para o desenvolvimento dos animais. Os ácidos gordos essenciais são representados pelos ácidos gordos das famílias ómega 3 (ácido linolénico) e ómega 6 (ácido linoleico). Este último actua sobre as funções enzimáticas, a fluidez e os receptores das membranas celulares dos animais.

O ácido araquidónico é formado pela conversão do ácido linoleico num ácido gordo polinsaturado de cadeia longa e pode ser convertido pelo organismo animal noutros ácidos gordos importantes de cadeia longa que actuam como mediadores biológicos (Butolo, 2002).

Embora os ácidos gordos linoleico e araquidónico sejam considerados essenciais para o organismo animal, são produzidos no fígado pela síntese do ácido araquidónico a partir do ácido linoleico na presença de vitamina B6 (Bertechini, 2006). Por conseguinte, apenas o ácido linoleico (C18:2) é considerado negativo.

O ácido linolénico (ω-3) pertence à família dos ácidos gordos polinsaturados ómega 3 (C18:3) e, por sua vez, pode dar origem a uma série de componentes de ácidos gordos ómega 3, entre os quais se destaca o ácido eicosapentaenóico (C 20:5), designado por EPA (Butolo, 2002).

Os ácidos gordos monoinsaturados, como o ácido gordo oleico, são considerados essenciais para reduzir a oxidação do colesterol LDL (Angelis, 2001). Por conseguinte, tornam-se importantes na dieta humana, uma vez que têm sido associados à prevenção de dislipidemias.

As dislipidemias são apontadas como responsáveis pelo desenvolvimento de doenças coronárias e cardiovasculares. Neste sentido, o ácido gordo oleico tem sido associado a uma diminuição dos níveis séricos de colesterol, a uma diminuição das lipoproteínas de baixa densidade e a um aumento das lipoproteínas de alta densidade em indivíduos com hipercolesterolemia, bem como a uma redução dos níveis de glicose no sangue em doentes diabéticos (Soares e Ito, 2000).

Os ácidos gordos que compõem os óleos são maioritariamente ácidos gordos saturados (SFA) e insaturados (UFA), que por sua vez podem ser monoinsaturados (MUFA) ou polinsaturados (PUFA), sendo os mais importantes os das séries ómega-9, ómega-6 e ómega-3 (Valenzuela e Sanhueza, 2009). Os ácidos gordos são constituintes estruturais das membranas celulares, desempenhando funções de reserva energética e metabólica, bem como participando na formação de hormonas e sais biliares (Valenzuela e Nieto, 2003).

Através da manipulação dietética das aves, tem sido possível melhorar a qualidade nutricional dos ovos e reduzir a concentração de ácidos gordos saturados na gema (Carvalho et al., 2009), promovendo assim alimentos mais saudáveis e aceitáveis para o mercado consumidor.

No entanto, os óleos vegetais, como o óleo de soja ou o óleo de canola, têm ácidos gordos insaturados na sua composição que são susceptíveis de se deteriorarem nos alimentos e podem reduzir o valor nutricional dos alimentos. Além disso, sabe-se que a carne de aves de capoeira tem uma maior concentração de AGPI, pelo que pode ser mais suscetível à deterioração lipídica (rancidez), razão pela qual é importante utilizar antioxidantes na alimentação (Pita et al, 2006).

Por outro lado, tendo em conta a qualidade da alimentação humana, é importante incluir alimentos, como os ovos de codorniz, que contenham estes ácidos gordos monoinsaturados, como o ácido gordo oleico, como alternativa à utilização de óleos, permitindo uma maior flexibilidade na preparação dos alimentos.

6.4 Vitaminas

As vitaminas são compostos orgânicos, necessários em quantidades mínimas, para promover o crescimento, manter a vida e a capacidade reprodutiva dos animais. As vitaminas pertencem a diferentes classes de compostos químicos, apresentando assim diversidade nas suas propriedades físicas, químicas e bioquímicas em comparação com os hidratos de carbono, as proteínas, os lípidos, os minerais e a água. A principal classificação das vitaminas baseia-se na sua solubilidade, sendo solúveis em água (complexo B e C) e solúveis em gordura (A, D, E, E, K).

As vitaminas hidrossolúveis actuam como coenzimas e são eliminadas após reacções metabólicas, sendo por isso chamadas vitaminas de manutenção. As vitaminas lipossolúveis são armazenadas no corpo e são chamadas vitaminas de crescimento (Albino e Barreto, 2003).

A quantidade de vitaminas presentes nos alimentos não é constante e pode variar consoante a estação do ano em que a planta foi cultivada, o tipo de solo ou o processo de cozedura a que o alimento foi sujeito. A maioria das vitaminas é alterada na presença de calor, luz, humidade e conservantes.

Embora sejam necessárias em pequenas quantidades na formulação dos regimes alimentares, as vitaminas em concentrações insuficientes ou ausentes podem causar sintomas de carência (avitaminose). As vitaminas são essenciais para o funcionamento correto do metabolismo e para as funções fisiológicas das aves, como a manutenção, o crescimento e a reprodução.

6.4.1 Vitamina E: fonte antioxidante

A vitamina E destaca-se como um importante elemento antioxidante no organismo animal. Os processos oxidativos são distúrbios no estado de equilíbrio entre os sistemas pró-oxidantes e antioxidantes do organismo animal e resultam em danos oxidativos aos lípidos, proteínas, hidratos de carbono e ácidos nucleicos (Jordan Jr. et al., 1998). De acordo com Cominetti et al. (2011) a oxidação lipídica é a principal reação em cadeia que envolve a formação de radicais livres.

A oxidação lipídica provoca alterações nas características organolépticas da carne e dos ovos que reduzem a sua qualidade. Para além de promover o indesejável sabor a ranço, a oxidação, quando afecta os pigmentos do músculo ou da gema, promove alterações na cor, no aspeto e na aceitabilidade da carne fria e dos ovos, respetivamente.

Para evitar esta deterioração das características de qualidade da carne e dos ovos, a suplementação com vitaminas com características antioxidantes na dieta dos animais surgiu como um tratamento preventivo (Morrissey et al., 1994).

Neste sentido, os processos de oxidação podem ser reduzidos com a utilização de antioxidantes nas dietas, sejam eles naturais ou sintéticos. Exemplos de antioxidantes naturais incluem o selénio orgânico e, no caso das vitaminas, a vitamina E, que, por sua vez, pode ser transferida para a fração gorda da carne ou dos ovos, melhorando a sua estabilidade oxidativa. Por outro lado, para além do efeito antioxidante, existe ainda a possibilidade de enriquecer os produtos com esta vitamina, promovendo um alimento nutricionalmente enriquecido (Barroeta et al., 2002).

A vitamina E é capaz de neutralizar os radicais livres das membranas que protegem os fosfolípidos das reacções de oxidação lipídica (Barroeta et al., 2002). O α-tocoferol é a forma ativa da vitamina E com maior atividade biológica, frequentemente encontrada em compostos alimentares para a formulação de dietas, sendo o seu efeito potenciado quando em associação com selénio orgânico através da enzima glutationa peroxidase (Ziaei et al., 2013).

De acordo com Surai (2002), existem três níveis de defesa antioxidante no organismo animal. No primeiro nível ocorre a prevenção da formação de radicais livres pela ação de enzimas antioxidantes como a glutationa peroxidase, que contém o micromineral selénio na sua constituição. Um segundo nível de defesa previne e limita a peroxidação das gorduras através do sequestro dos radicais livres que promovem uma cadeia de reacções de peroxidação das gorduras. A vitamina E é o principal e mais eficaz sequestrador destes radicais livres. De acordo com Surai (2002), existe um terceiro nível de proteção, que inclui a reparação das moléculas danificadas através de enzimas lipolíticas e proteolíticas.

De acordo com Mahan e Kim (1999), a qualidade da carne está diretamente relacionada com a utilização de vitamina E na alimentação das aves de capoeira. A vitamina E, sob a forma de alfa-tocoferol, pode exercer um efeito estabilizador da cor ao retardar a oxidação da mioglobina (Faustman et al., 1998). Por esta razão, a utilização de vitaminas na formulação de regimes alimentares passou a ser utilizada para a fortificação de géneros alimentícios de origem animal destinados ao consumo humano e não apenas para evitar carências (Surai, 2002).

A vitamina E tem sido suplementada em dietas de aves de capoeira devido à sua função antioxidante no sistema biológico (Colnago et al., 1984, Rice e Kennedy, 1988, Finch e Turner, 1996). Este efeito na redução da oxidação é potenciado quando em associação com selénio através da enzima glutationa peroxidase (Ziaei et al., 2013).

A associação destes dois antioxidantes, a vitamina E e o selénio, suplementados na alimentação animal, tem demonstrado influenciar a manutenção do sistema antioxidante (Jordão et al., 1998; Boiago, 2006).

6.5 Minerais

Os minerais são substâncias inorgânicas que desempenham várias funções no organismo e devem ser obtidos através da alimentação. O excesso ou a carência de um mineral interfere no metabolismo de outro, e as quantidades necessárias de cada mineral variam de microgramas a gramas por dia.

Os minerais representam 3 a 4% do peso vivo das aves de capoeira e constituem uma parte importante do organismo animal, sendo por isso considerados elementos essenciais para uma boa nutrição.

Os minerais podem ser classificados em macro ou microminerais, consoante as necessidades orgânicas dos animais. Os macro-minerais são o cálcio, o fósforo, o potássio, o sódio, o enxofre, o cloro e o magnésio, enquanto os micro-minerais são o ferro, o zinco, o cobre, o iodo, o manganês, o cobalto e o selénio.

6.5.1 Micromineral selénio: fonte antioxidante

Entre os microminerais, o selénio destaca-se como um importante elemento antioxidante no organismo animal. Após o nascimento, os animais necessitam de proteção antioxidante, que pode ter origem inicialmente na dieta materna ou pode ser fornecida por antioxidantes naturais, por exemplo, carotenóides, ácido ascórbico, vitamina E, enzimas antioxidantes como a catalase ou a glutationa peroxidase. Outra forma de proporcionar esta proteção pode ser através da utilização de cofactores enzimáticos, como os microminerais selénio, zinco, manganês e ferro.

O selénio é um micromineral essencial e, como componente integral das selenoproteínas, está envolvido em funções fisiológicas e processos bioquímicos no organismo.

Até aos anos 50, o selénio foi estudado principalmente pela sua toxicidade e não pelo seu efeito nutricional. No entanto, desde então, passou a ser reconhecido como um elemento essencial e a sua utilização na alimentação de ratos e aves tornou-se importante na prevenção de lesões hepáticas, musculares e vasculares (Combs, 2001).

Por outro lado, o selénio, na sua forma orgânica, tem sido reconhecido e amplamente utilizado pela indústria avícola como um aditivo que melhora a estabilidade oxidativa e, consequentemente, melhora o produto final. Com a sua utilização em dietas de aves, é possível reduzir a incidência de distrofia muscular, melhorar a fertilidade e a eclosão, melhorar a qualidade da casca e até fortalecer o sistema imunitário (Payne et al., 2005).

O selénio é uma parte essencial de uma variedade de selenoproteínas, das quais a glutatião peroxidase (GSH-Px) é a mais conhecida. A principal função da glutatião peroxidase é combater o stress oxidativo, actuando sobre os hidroperóxidos e lipoperóxidos, impedindo-os de causar danos celulares. A ação do selénio no metabolismo animal está também associada à produção de aminoácidos e proteínas, que são eficientes antioxidantes (Moreira et al., 2001).

O selénio é um elemento essencial no processo de desenvolvimento embrionário, combatendo os radicais livres e evitando a deterioração da membrana do ovo. O selénio, quando associado à vitamina E, promove uma maior proteção das membranas, evitando a peroxidação lipídica, essencial para prevenir a distrofia muscular. Além disso, também protege contra a toxicidade de metais pesados como o cádmio e o mercúrio (Watanabe et al., 1997). Assim, como os ovos são ricos em ácidos gordos, o selénio orgânico actua na proteção do embrião contra as reacções de oxidação, melhorando o seu desenvolvimento através da ação da glutationa peroxidase (Surai, 2000).

Por outro lado, Pan et al. Pan et al. (2004) descobriram que a substituição de selénio inorgânico por selénio orgânico aumentou o peso da gema e do albúmen. Na maioria dos casos, observa-se uma correlação positiva entre o peso do ovo incubável e o tamanho do pinto ao nascer (Shanawany, 1987, Pinchasov, 1991, Wilson, 1991 e Rocha et al., 2008), representando cerca de 62-76% do peso do ovo incubável. Por conseguinte, com resultados que indicam um aumento do peso dos ovos com a utilização de selénio orgânico e dados que mostram uma correlação entre o peso dos ovos e dos pintos, é razoável inferir que o selénio melhora o peso vivo da descendência nos tratamentos com selénio.

O selénio pode ser consumido na forma inorgânica, cujas principais fontes são o selenato de sódio (Na_2SeO_4) e o selenito de sódio (Na_2SeO_3), que fornecem 42% e 45% de selénio, respetivamente, ou na forma orgânica, como selenometionina produzida por leveduras cultivadas em meios ricos em selénio (Bird et al., 1997).

Embora o selenito de sódio seja a forma predominante de suplementação, a principal forma que ocorre naturalmente nos alimentos é a L-selenometionina. Por conseguinte, a diferenciação das duas fontes, inorgânica e orgânica, de selénio na fisiologia animal é de grande importância, uma vez que as bactérias, as plantas, as leveduras ou as algas marinhas são capazes de sintetizar metionina e selenometionina, mas não os animais (mas, Schrauzer, 2000).

O selenito de sódio é normalmente a fonte inorgânica de selénio mais utilizada na suplementação dietética. No entanto, esta fonte pode causar stress oxidativo, devido à produção de radicais peróxidos através da reação de redução com a glutationa peroxidase reduzida (Surai, 2002).

A formação de radicais livres provoca o aparecimento de doenças cardiovasculares, cancro, cataratas, degeneração muscular, deterioração da qualidade da carcaça e queda na produção animal (Surai e Sparks, 2001). Assim, a relação entre antioxidantes e pró-oxidantes é importante na manutenção da saúde, desenvolvimento embrionário, índices produtivos e reprodutivos, pois são vários os factores que regem a produtividade animal.

Os ovos são uma opção importante para a solução de problemas relacionados à nutrição na América Latina, por serem considerados um alimento com uma ingestão nutricional completa (Souza et al., 2001) e por possuírem um alto valor biológico, que serve como padrão para medir a qualidade nutricional das proteínas em outros alimentos (Sakanaka et al., 2000).

Imediatamente após a postura, os ovos tendem a perder sua qualidade interna se não forem tomadas medidas para diminuir a velocidade do processo de deterioração (Souza e Souza, 1995). A suplementação de selénio orgânico em dietas para poedeiras resulta em maior produção e peso dos ovos, melhor conversão alimentar, maior peso e consistência do albúmen (Rutz et al., 2005), o que permite um armazenamento mais longo dos ovos.

A concentração de selénio nos ovos depende da concentração e da fonte de selénio na dieta da ave, o que acaba por influenciar o desenvolvimento embrionário de forma diferente entre o 10º e o 15º dia de incubação (Paton et al., 2002).

O Se orgânico demonstrou ser mais eficiente do que o Se inorgânico na melhoria do desempenho animal, aumentando a sua concentração na musculatura, o que acaba por beneficiar o produto final e o consumidor. De acordo com Kim e Mahan (2001), a suplementação com selénio orgânico em níveis crescentes de 0 a 20 mg/kg promove uma deposição linear de 3,8 a 10,3 mg/kg de Se no lombo de porco.

O selénio é um dos principais minerais que actuam como antioxidantes, aumentando a fertilidade masculina e melhorando assim a reprodução (Alonso et al. 1997). Os antioxidantes actuam protegendo a membrana mitocondrial presente nos espermatozóides, que é responsável pela motilidade, fluidez e aumento da flexibilidade da membrana. No entanto, para desempenhar estas funções, as mitocôndrias necessitam de níveis elevados de ácidos gordos polinsaturados. Estes níveis elevados deixam a célula com uma maior produção de radicais livres e vulnerabilidade à oxidação (Surai, 2002). Por outro lado, a suplementação excessiva de selénio pode levar à toxicidade. Assim, dependendo da concentração utilizada, o selénio pode proteger o organismo contra o stress oxidativo ou provocá-lo (Miller et al., 2007).

6.6 Água

A água é um componente nutricional da dieta e representa cerca de 75% do peso corporal das aves adultas e cerca de 65% do peso dos ovos, desempenhando funções essenciais como: controlo da temperatura corporal, auxílio na digestão e excreção de resíduos orgânicos (Albino e Barreto, 2003).

A água é classificada como um alimento que possui minerais dissolvidos em sua composição, como cálcio, magnésio, cloreto de sódio, sulfatos e bicarbonatos. Altas concentrações desses elementos na água estão relacionadas à baixa produtividade, morte súbita, entre outras doenças que podem acometer as aves (Albino e Barreto, 2003).

A qualidade da água é determinada pela ausência de contaminação bacteriana, pela ausência de nitritos e nitratos, bem como pela ausência de substâncias orgânicas (Albino e Barreto, 2003).

6.7 Exemplos de formulações dietéticas para codornizes

Para fins ilustrativos, são apresentados nesta secção alguns exemplos de formulações de dietas para codornizes de dupla finalidade (engorda e ovos) que proporcionaram um bom desempenho produtivo em diferentes fases de produção (Quadro 1). Também se podem ver algumas composições para núcleos (Quadro 1) e pré-misturas (Quadro 2) disponíveis comercialmente. A Tabela 2 mostra a composição calculada de uma dieta para codornas que foi formulada com milho, farelo de soja e óleo de soja como fontes de energia e proteína.

Os quadros 3 e 4 ilustram as diferenças que podem ser observadas na composição em ácidos gordos da ração e das gemas de ovo, respetivamente, com a inclusão de diferentes tipos de óleos como fonte de energia na formulação das dietas.

Tabela 1. Composição centesimal de dietas formuladas para codornizes

(*Coturnix coturnix coturnix coturnix coturnix*) (Roll et al., 2016).

Ingredientes	Inicial	Crescimento	Colocação
Grãos de milho (moídos)	41,31	60,27	59,91
Farinha de soja	52,11	36,28	33,12
Óleo de soja	3,31	0,34	2,49
Calcário	1,07	1,08	5,33
Fosfato bicálcico	0,94	1,01	1,32
Núcleo	0,50	0,50	0,50
Sal	0,25	0,25	0,33
DL-metionina	0,33	0,19	-
DL-treonina	0,16	0,07	-
L-Lisina	0,02	-	-

*Níveis de garantia por kg de produto: ácido fólico: 16,7 mg. ácido pantoténico: 204,6 mg; bacitracina de zinco: 600mg; BHT: 700mg; biotina: 1,4 mg; cálcio: 197,5mg; cobalto: 5,1 mg; cobre: 244 mg; colina: 42g; ferro: 1695mg; (máximo): 400 mg; fósforo: 50g; iodo: 29mg; magnésio: 1485mg; metionina: 11g; niacina: 840mg; selénio: 3,2mg; sódio: 366mg; sódio: 3,2mg; sódio: 3,2mg: 11g; niacina: 840mg; selénio: 3,2mg; sódio: 36g; vitamina A: 2070000IUI; vitamina B1: 40mg; vitamina B12: 430mcg; vitamina B2: 120mg; vitamina B6: 54mg; vitamina D3: 432000IUI; vitamina E: 540mg; vitamina K3: 51,5mg; zinco: 1535mg.

Quadro 2. Composição centesimal de uma dieta formulada para codornizes europeias.

Ingrediente	(%)
Milho	48,72
Farelo de soja	40,20
Óleo de soja	2,40
Calcário	5,20
Sal comum	0,40
Pré-mistura *	3,00

Caulino	0,08	

Níveis nutricionais calculados	
Energia metabolizável (kcal / kg)	2780
Proteína bruta (%)	22,0
Cálcio (%)	2,70
Fósforo disponível (%)	0,46
Aminoácidos totais (%)	0,74
Metionina total (%)	0,38
Lisina total (%)	1,28
Cistina total (%)	0,36
Colina total (mg / kg)	2,04
Ácido linoleico (%)	2,60
Gordura bruta (%)	4,78
Fibra bruta (%)	3,80
Sódio (%)	0,20

Adaptado de Roll et al. (2016).

Comparação entre a composição percentual em ácidos gordos de dietas formuladas com óleo de soja e óleo de canola para codornizes (*Coturnix coturnix coturnix coturnix*), de acordo com a composição da dieta exemplificada no quadro 2.

Tipo de óleo		
Ácidos gordos alimentares	**Soja**	**Canola**
Ácido araquidónico	0,47	0,69
Ácido benzénico	0,49	0,51
Ácido cis-eicosanóico	0,36	0,77
Ácido cis-eicosadienoico	0,11	0,09
Ácido esteárico	3,59	3,57
Ácido linoleico	49,38	32,38
Ácido linolénico	3,43	2,79
Ácido oleico	26,16	40,18
Ácido palmítico	11,73	10,99

Ácido palmitoleico	0,09	0,18

Adaptado de Roll et al. (2016).

Comparação entre a composição percentual em ácidos gordos das gemas de ovos de codornizes alimentadas com dietas formuladas com óleo de soja e óleo de canola para codornizes (*Coturnix coturnix coturnix coturnix*), de acordo com a composição da dieta exemplificada no quadro 2.

	Tipo de óleo alimentar	
Ácidos gordos da gema	**Soja**	**Canola**
Ácido araquidónico	2,05	1,93
Ácido esteárico	10,88	10,00
Ácido linoleico	12,5	9,8
Ácido linolénico	0,27	0,30
Ácido oleico	42,24[b]	45,47[a]
Ácido palmítico	24,14	23,55
Ácido palmitoleico	2,36	2,65

Adaptado de Roll et al. (2016).

7. Anatomia da codorniz

O aparelho digestivo da codorniz é constituído pela boca, esófago, papo, proventrículo, moela, intestino delgado, ceco, intestino grosso e cloaca.

1. *Bico*: responsável pela apreensão dos alimentos, defesa e ataque.

2. *Esófago*: é uma porção do tubo digestivo com cerca de 4-5 cm de comprimento em forma de tubo. A sua função é a comunicação entre a faringe e o proventrículo.

3. *Buche*: é uma dilatação que divide o esófago em duas porções, uma cranial e outra ventral ou caudal. O papo, além de servir como saco de armazenamento de alimentos, também promove o pré-amolecimento do alimento para ser enviado ao proventrículo.

4. *Proventrículo*: conhecido como estômago glandular das aves de capoeira, representa um compartimento do trato digestivo responsável pelo início da digestão gástrica dos alimentos ingeridos.

5. *Moela*: é um órgão muscular, também conhecido como estômago muscular das aves, cuja principal função é triturar os alimentos, reduzindo-os em partículas mais pequenas e facilitando a digestão. Este órgão é mais desenvolvido nas espécies herbívoras devido ao maior consumo de fibras, pois neste caso o alimento permanece mais tempo no compartimento.

6. *Intestino delgado*: composto pelo duodeno, jejuno e íleo, é a porção mais longa do trato digestivo e é responsável pela maior parte da digestão e absorção dos nutrientes dos alimentos. Um esfíncter chamado piloro comunica entre o intestino delgado e a moela e regula a passagem dos alimentos digeridos entre as duas porções. O duodeno envolve o pâncreas, que é uma das glândulas anexas da ave.

7. *Intestino grosso:* a digestão final dos alimentos tem lugar neste compartimento, que é uma porção muito curta constituída pelo ceco, cólon e reto. Os cecos são duas bolsas de fundo cego situadas na transição entre o

íleo e o cólon.

8.   *Cloaca:* Trata-se de um compartimento comum, onde se encontram os sistemas digestivo, reprodutor e urinário. A cloaca está dividida em três partes: o urodeum, onde terminam os ureteres, o coprodeum, onde terminam a vagina (nas mulheres) e os canais deferentes (nos homens), e o protodeum, onde terminam o cólon e o reto.

As glândulas anexas, o fígado e o pâncreas, embora não façam parte do sistema digestivo das aves, contribuem com secreções que facilitam a digestão dos alimentos.

O fígado tem três funções principais:

a)   Inibir a ação tóxica de algumas substâncias;

b)   Transformação dos hidratos de carbono e dos açúcares em glicogénio, que é transferido para a circulação sanguínea em função das necessidades do organismo da ave;

c)   Secreta bílis para emulsionar as gorduras, tornando-as disponíveis para as enzimas lipase que tornarão os alimentos mais absorvíveis.

O pâncreas tem duas funções: a primeira é a produção de insulina, que, por sua vez, é responsável pela regulação do metabolismo dos hidratos de carbono, e a segunda é a produção de suco pancreático, que desempenha um papel importante na digestão dos alimentos.

7.1 Sistema reprodutor feminino

Quando em atividade produtiva, o aparelho reprodutor da fêmea pode representar cerca de 10% do seu peso vivo e é constituído por duas porções, o ovário e o oviduto.

O ovário está ligado à parede dorsal do corpo da ave e contém, quando a ave está em atividade produtiva, uma variedade de folículos de diferentes tamanhos e estádios de desenvolvimento que permitem uma constância na produção de ovos. Os folículos são compostos por gema envolvida pela membrana pré-vitelina.

O oviduto é constituído por vários segmentos, cada um dos quais desempenha um papel importante na formação do ovo, e conduz à cloaca. As partes do oviduto são:

Infundíbulo: responsável por receber o óvulo que desce do ovário e armazenar os espermatozóides.

Magno: responsável por cerca de 90% da formação do albúmen.

Istmo: responsável por cerca de 10% do albúmen remanescente e também pela formação das membranas da casca.

Câmara calcífera ou glândula da casca: neste compartimento o ovo permanece durante a maior parte do tempo necessário para a formação do ovo, entre 16 e 20 horas, para que ocorra a formação e a calcificação da casca do ovo.

Vagina: após ser formado, o ovo permanece por um curto período de tempo para receber a cutícula da casca que promoverá a proteção contra a entrada de microrganismos no ovo.

Cloaca: segmento responsável pela pigmentação da casca e posterior oviposição, ou seja, promover a passagem do ovo para o exterior.

A maioria das codornizes começa a pôr os seus ovos a partir das 15 horas e fecha por volta das 23 horas, com o pico de postura entre as 16 e as 20 horas.

7.2 Sistema reprodutor masculino

O aparelho reprodutor masculino é responsável pela produção de espermatozóides e é composto por dois testículos, canais deferentes, papila genital e glândulas paragenitais.

Testículos: situados na cavidade abdominal, logo abaixo dos rins.

Canais deferentes: situados na extremidade de cada canal deferente, são responsáveis pela condução dos espermatozóides para as glândulas paracloacais e pelo armazenamento do sémen até ao momento da cópula.

Papila genital: situada na parte ventral da cloaca, é o órgão copulador do macho.

Glândulas paracloacais: situadas acima da cloaca, estas duas glândulas formam um órgão que segrega substâncias que segregam um líquido espumoso rico em electrólitos que favorecem a diluição do sémen antes da cópula e aumentam assim a capacidade de fecundação do macho.

8. Factores de produção relacionados com o bem-estar das codornizes

8.1 Stress calórico

O aumento da temperatura ambiente tem um efeito direto nas aves de capoeira e pode resultar em perdas de desempenho e na redução da produção de ovos, provocando uma série de prejuízos no sector da produção.

Como primeiro impacto do aumento da temperatura, as aves reduzem o consumo de alimentos. Podem também surgir outras alterações fisiológicas, por exemplo, a redução do fluxo sanguíneo nos ovários e o aumento da frequência respiratória, que levam a um aumento do fluxo sanguíneo periférico para aumentar a perda de calor. Juntamente com estes dois exemplos, a circulação sanguínea e a atividade digestiva do trato gastrointestinal são também reduzidas.

O stress térmico pode ser medido através dos níveis de corticosterona nas aves. O aumento dos níveis de corticosterona é também uma resposta não específica, que é responsável pela produção de glucose a partir de outras substâncias que não os hidratos de carbono, principalmente proteínas. Estas alterações são benéficas para as aves a curto prazo. No entanto, se forem mantidas durante um longo período de tempo, serão prejudiciais com consequências patológicas. Em geral, os factores de stress crónico actuam sequestrando constantemente a energia da produção (Zulkifli e Siegel, 1995).

O stress térmico pode ser definido como um conjunto de reacções provocadas no organismo devido a agressões físicas, psíquicas, infecciosas e outras, que provocam um desequilíbrio na homeostasia interna do organismo. Esta perturbação da homeostasia é causada por uma série de sistemas funcionais de controlo interno que envolvem mecanismos físicos e reacções comportamentais.

Assim, como mecanismos físicos e comportamentais, podemos citar uma série de alterações observadas nas aves:

a)   Redução do consumo de ração;

b)   Diminuição da circulação sanguínea no trato gastrointestinal;

c)   Redução do fluxo sanguíneo nos ovários;

d)   Redução da atividade digestiva do trato gastrointestinal;

e)   Aumento do fluxo sanguíneo periférico para aumentar a perda de calor;

f)   Aumento da frequência respiratória;

g)   Redução da atividade da enzima anidrase carbónica que, por sua vez, está diretamente envolvida na formação de iões de carbonato de cálcio (importante para a formação da casca do ovo);

h)   Redução da formação de cálcio ionizado, que é a forma livre do cálcio e é utilizada pelas aves.

O rácio heterófilos/linfócitos é outro instrumento de avaliação que pode ser utilizado como indicador de stress nas aves. O stress quando crónico, ou seja, que se prolonga por longos períodos, promove um aumento do número de heterófilos com uma consequente redução do número de linfócitos no sangue das aves.

Além disso, em situações de stress, há um aumento da degradação das proteínas a nível muscular, juntamente com uma redução da síntese proteica, aliada a uma maior mobilização das reservas de gordura corporal das aves.

Todos estes factores e alterações em conjunto resultam num aumento da imunossupressão, ou seja, as aves apresentam uma imunidade reduzida e podem ser atacadas por uma série de doenças oportunistas.

Neste sentido, os impactos negativos do stress térmico não só resultarão numa redução do consumo, como também terão um impacto fisiológico, reduzindo a produção e o desenvolvimento das aves.

8.1.1 Impactos negativos causados pelo stress térmico

Redução da produção de ovos e do peso dos ovos - resultado da redução da ingestão e utilização de nutrientes pelas aves. O fornecimento de nutrientes ao ovário e o aumento de peso das codornizes também serão reduzidos, bem como a produção reduzida de hormonas FSH e LH (que são hormonas ligadas ao sistema reprodutor).

Qualidade reduzida da casca - resulta de um menor consumo e utilização de nutrientes e de uma menor concentração plasmática de cálcio ionizado, que é responsável pela formação da casca do ovo, uma vez que este se encontra na forma livre, que é melhor utilizada pelas aves.

Redução do ganho de peso - esta redução é observada principalmente na fase final da criação, em que as aves são mais sensíveis às alterações de temperatura. A redução do aumento de peso é o resultado do catabolismo das proteínas musculares e da redução da síntese proteica, para além, evidentemente, da redução da ingestão e utilização de nutrientes pelas aves. Além disso, há um aumento do gasto de energia das aves devido à hiperventilação e à redução do metabolismo basal resultante da redução das concentrações de hormonas da tiroide.

Aumento dos casos de mortalidade - resultado da hipertermia com consequente esgotamento físico da ave devido ao aumento dos movimentos respiratórios, além de possíveis complicações de doenças oportunistas decorrentes da imunossupressão.

8.1.2 Prevenir os efeitos negativos do stress térmico

A fim de reduzir e mesmo evitar os efeitos negativos do stress térmico na produção e no desempenho das aves de capoeira, os produtores e os técnicos podem tentar investir em

a) Melhoria do ambiente das instalações;

b) Controlo da água de consumo das aves de capoeira;

c) Alimentação adequada nos períodos de verão;

d) Balanços electrolíticos correctos;

e) Ajustar a densidade animal em função da época do ano, do sexo e do peso das aves.

8.2 Aparar o bico

As codornizes, bem como os perus e as galinhas, estão predispostas a reacções agressivas, como a bicada e o canibalismo, e esses comportamentos tornam-se mais evidentes quando as aves são alojadas em grandes densidades populacionais (Leandro et al., 2005).

Para minimizar os efeitos do comportamento agressivo nas codornizes, principalmente nas codornizes poedeiras (japonica), observa-se que os produtores estão a adotar o corte do bico como prática de maneio, semelhante à criação de galinhas poedeiras comerciais (Leandro et al., 2005).

A apara do bico, quando efectuada corretamente, não causa sofrimento aos animais e não afecta negativamente o consumo de alimentos e de água ao longo do ciclo de produção.

Por outro lado, o corte do bico por pessoas sem formação e inexperientes resulta em prejuízos para o produtor e afecta o bem-estar das aves.

Para realizar o corte do bico corretamente, é importante considerar a utilização de mão de obra especializada, ou seja, pessoas treinadas e experientes e que não tenham pressa em realizar o procedimento, garantindo assim um trabalho bem feito. Também é importante observar outros aspectos, tais como:

Momento do procedimento - a melhor altura para aparar o bico é ao amanhecer ou ao anoitecer, dado que as temperaturas são geralmente mais frescas nessas alturas, evitando assim o stress térmico nas aves. É também importante manter sempre à disposição dos animais água fresca e de boa qualidade.

Aves doentes - nunca devem ser despovoadas e devem primeiro ser tratadas até à recuperação.

Imobilização da ave - a ave deve ser imobilizada de forma calma e correcta, o dedo indicador do técnico deve ser posicionado sobre a garganta da ave para promover a retração da língua e evitar o seu corte.

A temperatura da lâmina de aparar (Figura 26) deveria ser de cerca de 650 °C antes do início do procedimento de aparagem. Lâminas excessivamente quentes podem levar à formação de neuromas no bico que, por sua vez, causam desconforto devido ao aumento da sensibilidade e, assim, reduzem o desempenho produtivo das aves.

Figura 25. Enxaguamento com a utilização de uma lâmina quente

Para reduzir os potenciais problemas com o despovoamento das aves, algumas práticas podem ser utilizadas para reduzir o stress, a perda de peso e a redução do consumo de ração. Entre essas práticas estão: a) fornecer vitamina K na dieta por um período de três dias antes e depois do desmame, minimizando assim a possível ocorrência de hemorragias; b) fornecer ração com os comedouros bem cheios para que as aves não toquem o fundo do comedouro com o bico; c) estimular o consumo de ração e água movimentando a ração nos comedouros; d) evitar outras práticas de manejo na semana após o desmame que possam causar estresse às aves.

Como pontos positivos em relação ao desempenho produtivo dos lotes com bico aparado, destacam-se o aumento da taxa de produção de ovos e a redução da mortalidade. Esses resultados possivelmente ocorrem devido à redução de ovos picados, redução do canibalismo e redução do desperdício de ração, devido à menor seleção de alimentos pela ave.

Embora existam alguns métodos alternativos à lâmina quente para aparar o bico, tais como a utilização de infravermelhos, laser, lâmina fria ou atrito natural com a utilização de limas ou placas nos comedouros, o método convencional de aparar o bico continua a ser a opção mais prática e rentável para melhorar o desempenho do bando e reduzir a incidência de problemas de canibalismo entre as aves.

9. Bibliografia

Aggrey, S.E.; Ankra-Badu, G.A.; Marks, H.L. Effect of longterm diverggent selection on growth characteristics in Japanese quail. Poultry Science, v.82, p.538-542, 2003.

Akyurek, H.; Okur, A.A. Effect of storage time, temperature and hen age on egg quality in free-range layer hens. Journal Animal Veterinary Advantage, v.8, p.1953-1958, 2009.

Albino, L.F.T; Barreto, S.L.T. Codornices: criaçâo de codornices para produçâo de ovos e carne. Viçosa: Aprenda Fácil, 2003, 289p.

Albuquerque, R.; Faria, D.E.; Junqueira, O.M.; et al. Efeitos do nível de energia em dietas de terminação e da idade de abate sobre o desempenho e rendimento de carcaça em frangos de corte. Revista Brasileira de Ciência Avícola, v.5, n.2, p.99-104, 2003.

Alonso, M.L.; Miranda, M.; Hernandez. J.; Castillo, C.; Benedito, J.L. Glutationa peroxidase (GSH-Px) em patologias associadas a deficiências de selénio em ruminantes. Archivo de Medicina Veterinària, v.29, n.2,1997.

Angelis, R.C. Novos conceitos em nutriçâo. Reflexoes a respeito do elo dieta e saúde. Arquivo Gastroenterol-ARQGA/998, v.38, n.4, 2001.

Baiâo, N.C.; Lùcio, C.G. Nutriçâo de matrizes pesadas. In: Macari. M.; Mendes, A.A. Manejo de matrizes pesadas. Campinas: Facta. 2005, cap.10, p.198216, 2005.

Baiâo, N.C; Lara, L.J.C. Óleos e gorduras na nutrição de frangos de corte. Revista Brasileira de Ciência Avícola, v.7, n.3, p.129-141, 2005.

Banerjee, S. Carcass studies of Japanese Quails (*Coturnix coturnix japônica*) reared in hot and humid climate of Easter India. Revista Mundial de Ciências Aplicadas, v.8, n.2, p.174-176, 2010.

Barreto, S.C.S.; Zapata, J.F.F.; Freitas, E.R.; Fuentes, M.F.F.; Nascimento,

R.F.; Araujo, R.S.R.M; Amorim, A.G.N. Acidos graxos da gema e composiçâo do ovo de poedeiras alimentadas com raçôes com farelo de coco. Pesquisa Agropecuária Brasileira, v.41, n.12, p.1767-1773, 2006.

Baumgartner, J. Produção, criação e genética de codornizes japonesas. World's Poultry Science Journal. Oxford, v.50, n.3, p. 227-235, 1994.

Belo, M.T.S.; Cotta, J.T.B.; Oliveira, A.I.G. Niveis de energia metabolizável em raçôes de codornizes japónicas (*Coturnix coturnix japonica*) na fase inicial de puesta. Ciência Agrotécnica, v.24, n.3, p.782-793, 2000.

Bernardino, M.P. Influência dos lipideos da dieta sobre o desenvolvimento ósseo de frangos de corte. Revista Eletrônica Nutritime, v.6, n.3, p.960-966, 2009.

Bertechini, A.G. Nutriçâo de monogástricos. Lavras: UFLA.2006. 301p.

Brake, J.; Walsh, T.J.; Benton Jr., C.E.; Petitte, J.N.; Meijerhof, R. e Pen Alfa, G. Egg handling and storage. Poultry Science, v.76, p.144-151, 1997.

Briz, R.C. Ovos com teores mais elevados de ácidos graxos Ômega 3. In: Simpósio Técnico de Produção de Ovos. 1997. Sâo Paulo. Anais... Sâo Paulo: APA. 1997. p.153-193, 1997.

Butolo, J. E. Qualidade de ingredientes na alimentaçâo animal. 1 [a]ed. Campinas: Agros Comunicaçâo, 154p., 2002.

Carvalho, P.R.; Pita, M.C.G.; Piber Neto, E.; Mendonça Junior, C.X. Influência da adiçâo de fontes marinhas ricas em PUFAs na dieta sobre a composiçâo lipídica e percentuais de incorporaçâo de PUFAs n-3 na gema do ovo. Arquivos do Instituto Biológico. v.76, n.1, p.27-39, 2009.

Castelo Llobet, J.A., Pontes, M., Franco Gonzalez, F. Produção de ovos. Barcelona: Real Escuela de Avicultura, 1989. 367p.

[nd]D'Mello, J.P.F. Amino acids in animal nutrition. 2 Ed. Wallingford: CABI Publishing, 2003. 546p.

Dolz, S. Utilização de gorduras e subprodutos em animais monogástricos. Anais...Fundación Espanola para el Desarrollo de la Nutrición Animal - FEDNA. Madrid: Ediciones Peninsular, p.25-38,1996.

Faitarone, A.B.G. Fornecimento de fontes lipídicas na dieta de poedeiras e seus efeitos sobre o desempenho, qualidade dos ovos, perfil de àcidos graxos e colesterol na gema. 2010. Tese. 108f. Programa de Pôs-graduaçâo em Zootecnia. Universidade Estadual Paulista. Botucatu, Sâo Paulo, 2010.

Fasenko, G.M. Candling and hatch residue breakouts. In: Robinson. F.E.; Fasenko. G.M.; Renema. R.A. (Eds). Otimização da produção de pintos em criadores de frangos de carne. Canadá: Spotted Cow, p.101-104, 2003.

Flemming, J.S. Utilizaçâo de leveduras, probióticos mananoligossacarideos (MOS) na alimentaçâo de frango de corte. 2005. 109f. Tese (Doutor em Tecnologia do Alimento). Setor de Tecnologia, Universidade Federal do Paraná - Curitiba, 2005.

Fletcher, D.L.; Britton, W.M.; Pesti, G.M.; Rahn, A.P. The relationship of layer flock age and egg weight on egg component yields and solids content. Poultry Science, v.62, p.1800-1805, 1983.

Fujikura, W.S. A posiçâo de Sâo Paulo no mercado nacional de ovos de codorniz e o perfil do consumidor paulistano. In: II Simpósio Internacional e I Congresso Brasileiro de Coturnicultura, 2004, Lavras. MG. Anais...Lavras, 2004.

Garcia, A.R.; Batal, A.B.; Bakert, D.H. Variações na exigência de lisina digestível de frangos de corte em funçâo do sexo. parâmetros de desempenho. Ambiente de criação e características de rendimento de processamento. Poultry Science, v.85, p.498-504, 2006.

Garcia, E.A.; Mendes, A.A.; Pizzolante, C.C.; Veiga, N. Alterações morfológicas e desempenho de codornas tratadas com diferentes programas de alimentaçâo durante o período de muda forçada. Revista Brasileira de

Avicultura. Campinas, v.3, p.275-282, 2001.

Gomes, M.R.; Tirapegui, J. Relaçâo de alguns suplementos nutricionais e o desempenho fisico. Archivo Latinoamericano Nutriçâo, v.50, n.4, p.317329, 2000.

Hirayama, K.B.; Patricia, G.L.; Speridiâo, P.G.L.; Fagundes Neto U. Ácidos graxos polinsaturados de cadeia longa. Revista Eletrônica de Gastroenterologia Pediátrica. Nutrição e Doenças Hepáticas, v.10, n.3, 2006.

Instituto Adolfo Lutz (IAL). Normas analiticas do Instituto Adolfo Lutz: Métodos fisico-quimicos para anàlise de alimentos. [aa]4 ed., 1 Ediçâo Digital, Sâo Paulo, 1020p., 2008.

IBGE - Instituto Brasileiro de Geografia e Estatistica. Diretoria de Pesquisas, Coordenaçâo de Agropecuària, Pesquisa da Pecuària Municipal 2013.

IBGE - Instituto Brasileiro de Geografia e Estatística. Produçâo da Pecuària Municipal. Rio de Janeiro, v.42, p.1-39, 2014.

Jones, J.E.; Hughes, B.L.; Hale, K.K. Rendimento de carcaça do Coturnix D1. Poultry Science, v.58, p.1647-1648, 1979.

Leandro, N.S.M.; Stringhini, J.H.; Café, M.B. et al. Efeito da granulometria do milho e do farelo de soja sobre o desempenho de codornices japónicas. Revista Brasileira de Zootecnia, v.30, n.4, p.1266-1271, 2001.

Leandro, N.S.M.; Vieira, N.S.; Matos, M.S.; Café, M.B.; Stringhini, J.H. e Santos, D.A. Desempenho produtivo de codornizes japónicas (*Coturnix coturnix japonica*) submetidas a diferentes densidades e tipos de debicagem. Ata Scientiarum. Animal Sciences, v.27, n,1, p.129-135, 2005.

Lourens, A.; Molenaar, R.; Van Den Brand, H.; Heetkamp, M.J.; Meijerhof, R. and Kemp, B. Effect of egg size on heat production and the transition of energy from egg to hatchling. Poultry Science, v.85, p.770-776, 2006.

Longo, F.A.; Menten, J.F.M.; Pedroso, A.A.; Figueiredo, A.N.; Racanicci,

A.M.C.; Galotto, J.B.; Sorbara, J.O.B. Diferentes fontes de proteína na dieta pré- inicial de frangos de corte. Revista Brasileira de Zootecnia, v.34, n.1, p.112-122, 2005.

Macari, M.; Furlan, R.L.; Gonzalez, E. Fisiologia aviária aplicada a frangos de corte. Jaboticabal: Universidade Estadual Paulista, 2002.

Mandal, A.B.; Elangovan, A.V.; Tyagi, P.K.; Tyagi, P.K.; Tyagi, A.K.J.; Kaur, S. Effect of enzyme supplementation on the metabolisable energy content of solvent-extracted rapeseed and sunflower seed meals for chicken, guinea fowl and quail. British Poultry Science, v.46, p.75-79, 2005.

Mandal, A.B.; Kaur, S.; Johri, A.K.; Elangovan, A.V.; Deo, C.; Shrivastava, H.P. Response of growing Japanese quails to dietary concentration of L-threonine. Journal of the Science and Food and Agriculture, v.86, p.793798, 2006.

Marks, H.L. Feed efficiency changes accompanying selection for body weight in chickens and quail. World's Poultry Science, v.47, p.197-212, 1991.

Menge, H. Necessidade de ácido linoleico da galinha para a reprodução. Journal of Nutrition; v.95, p.578-72, 1968.

Minvielle, F. O futuro da codorna japonesa para a pesquisa e produção. World Poultry Science Journal, v.1, p.500-507, 2004.

Minvielle, F.; Oguz, Y. Effect of genetics and breeding on egg quality of Japanese quail. World's Poultry Science Journal, v.58, p.291-295. 2002.

Moraes, M.A.C. Métodos para avaliaçâo sensorial dos alimentos. 5 [a]ed. Campinas: Unicamp, 85p., 1985.

Móri, C.; Garcia, E.A.; Pavan, A.C.; Piccinin, A.; Scherer, M.R.; Pizzolante, C.C. Desempenho e qualidade dos ovos de codornizes de quatro grupos genéticos. Revista Brasileira de Zootecnia, v.34, n.3, p.864-869, 2005.

Morita, M.M. Custo x benefício do uso de óleos e gorduras em dietas avicolas. In: Conferência Apinco de Ciência e tecnologia avicola. 1992. Santos. Anais...Santos: Apinco, p.29-35, 1992.

Murakami, A.E.; Furlan, A.C. Pesquisas na nutriçâo e alimentaçâo de codornices em puesta no Brasil. In: Simpósio Internacional de Coturnicultura. 2002. Lavras. MG. Anais... Lavras: Universidade Federal de Lavras. p.113-120. 2002.

Murakami, K.T.T. Óleo de linhaça como principal fonte lipídica na dieta de frangos de corte. Araçatuba. 2009.   64f. Dissertaçâo (Mestrado). Universidade Estadual Paulista. Faculdade de Odontologia e Curso de Medicina Veterinària, 2009.

Conselho Nacional de Investigação - NRC. Nutrient requirements of poultry (Necessidades de nutrientes das aves de capoeira). Washington: Academia Nacional de Ciências, p.44-45, 1994.

Nowaczewski, S.; Kontecka, H.; Rosinski, A.; Koberling, S.; Koronowski. P. A qualidade dos ovos de codorniz japonesa depende da idade da poedeira e do tempo de armazenamento. Folia biologica (Kraków), v.58, p.201-207, 2010.

Noy, Y.; Sklan, D. Digestão e absorção no pinto jovem. Poultry Science, v.74, p.366-373, 1995.

Noronha, J.F. Apontamentos de Análise Sensorial, Escola Superior Agrária de Coimbra (ESAC), 2003. 75p.

Nunes, I.J. Nutriçâo animal bàsica. 2Ed. Belo Horizonte: FEP-MVZ, 1998. 383p.

Paton, N.D.; Cantor, A.H; Pescatore, A.J.; Ford, M.J.; Smith, C.A. Absorption of selenium by developing chick embryos during incubation. In: Lyons, T.P.; Jacques, K.A. Biotechnology in the Feed Industry. 18° Simpósio Anual da Alltech. Actas... Nottingham, Reino Unido: Nottingham University Press, p.107-121, 2002.

Pinto, R.; Ferreira, A.S.; Albino, L.F.T.; Gomes, P.C., Vargas Jr., J.G. iveis de proteina e energia para codornices japónicas em puesta. Revista Brasileira de Zootecnia, v.32, n.5. p.1761-1770, 2002.

Pita, M.C.G.; Piber Neto, E.; Carvalho, P.R.; Mendonça Jr., C.X. Efeito da suplementaçâo de linhaça, óleo de canola e vitamina E na dieta sobre as concentraçôes de ácidos graxos poliinsaturados em ovos de galinha. Arquivo Brasileiro Medicina Veterinària Zootecnia, v.58, n.5, p.925-931, 2006.

Reis, L.F.S.D. Codornizes, criaçâo e exploraçâo. Lisboa, Agros, 10, 1980. 222p.

Redder, E. Compare ovos de codorna com ovos de galinha. Revista Saùde é vital. Sâo Paulo, p.27, abril, 2005.

Reis, J.S. Características da carcaça de uma linhagem de codornizes de corte. 2011. 88f, Dissertaçâo (Mestrado). Programa de Pôs-Graduaçâo em Zootecnia. Universidade Federal de Pelotas, 2011.

Rezende, M.J.M.; Flauzina, L.P.; Mcmanus, C.; Oliveira, L.Q.M. Desempenho produtivo e biometria das vísceras de codornizes francesas alimentadas com diferentes niveis de energia metabolizável e proteina bruta. Ata Scientiarum. Animal Sciences, v. 26, n. 3, p. 353-358, 2004.

Ribeiro, T.C.; Moreira, P.C.; Oliveira, J.P.; Lemos, E.N.; Silva, S.M. Influência do peso, à incubaçâo, na eclodibilidade de ovos de avestruz. Estudos-Goiânia, v.35, n.3, p.501-516, 2008.

Rocha, J.S.R.; Lara, L.J.C.; Baiâo, N.C.; Cançado, S.V; Baiâo, L.E.C; Silva, T.R. Efeito da classificação dos ovos sobre o rendimento de incubaçâo e os pesos do pinto e do saco vitelino. Arquivo Brasileiro Medicina Veterinària Zootecnia, v.60, n.4, p.979-986, 2008.

Rodrigues, E.A.; Cancherini, L.C.; Junqueira, O.M.; De Laurentiz, A.C.; Silva Filardi, R.; Duarte, K.F.; Casartelli, E.M. Desempenho, qualidade da casca e perfil lipídico de gemas de ovos de poedeiras comerciais alimentadas com niveis crescentes de óleo de soja no segundo ciclo de puesta. Ata Scientiarum Animal Sciences, v.27, n.2, p.207-212, 2005.

Roll, A.A.P. Óleo de canola e selênio orgânico para codornizes de duplo propósito. Pelotas, Faculdade de Agronomia Eliseu Maciel da Universidade Federal de Pelotas, 2012. 84f. Dissertaçâo (Mestrado em Zootecnia) - Faculdade de Agronomia Eliseu Maciel da Universidade Federal de Pelotas, 2012.

Roll, A.A.P.; Hobuss, C.B.; Del Pino, F.A.B.; Roll, V.F.B.; Dionello, N.J.L.; Xavier, E.G.; Rutz, F. Óleo de canola e selênio orgânico em dietas para codornas: perfil de ácidos graxos, teor de colesterol e qualidade externa dos ovos. Semina: Ciências Agrârias, v.37, n.1, p.405-414, 2016.

Roll, V.F.B.; Cepero, R.C.; Levrino, G.A.M. Criaçâo em piso versus gaiola: efeitos sobre a produçâo, qualidade dos ovos e condiçâo física de galinhas poedeiras alojadas em gaiolas mobiliadas. Ciência Rural, v.39, n.5, 1527-1532, 2009.

Rostagno. H.S. Tabelas brasileiras para aves e suínos: [a] Composiçâo de Alimentose Exigências Nutricionais. 2 ediçâo. Viçosa: UFV.

Departamento de Criação Animal. 186p. 2005.

Sakamoto, M.I.; Murakami, A.E.; Souza, L.M.G.; Franco, J.R.G.; Bruno, L.D.G.; Furlan, A.C. Valor energético de alguns alimentos alternativos para codornas japonesas. Revista Brasileira de Zootecnia, v.35, n.3, p.818-821, 2006.

Santos. J.E.C.; Gomes. F.S.; Borges. G.L.F.N. et al. Efeito da linhagem e da idade das matrizes na perda de peso dos ovos e no peso embrionàrio durante a incubaçâo artificial. Revista de Biociências, v.25, p.163-169, 2009.

Scragg, R.H.; Logan, N.B.; Guedes, N. Response of egg weight to the inclusion of fat in layer diets. British Poultry Science, v.28, p.15-21, 1987.

Seibel, N.F.; Schoffen, D.B.; Queiroz, M.I.; Almeida de Souza-Soares, L. Caracterização sensorial de ovos de codornas alimentadas com dietas modificadas. Ciência e Tecnologia de Alimentos, v.30, n.4, p.884-889, 2010.

Silva, E.L.; Silva, J.H.V.; Jordâo Filho, J.; Ribeiro, M.L.G.; Costa, F.G.P.; Rodrigues, P.B. Reduçâo dos niveis de proteina e suplementaçâo aminoacidica em raçôes para codornices européias (*Coturnix coturnix coturnix coturnix coturnix*). Revista Brasileira de Zootecnia, v.35, n.3, p.822-829, 2006.

Silva. J.H.V.; Jordâo Filho. J.; Costa, F.G.P; Lacerda, P.B.; Vargas, D.G.V. Exigências nutricionais de codornizes. In: XXI Congresso Brasileiro de Zootecnia. 2011. Maceió. AL. Anais.... Maceió: Universidade Federal de Alagoas, CD-ROM, 2011.

Singh, R.P.; Panda, B. Effect of seasons on physical quality and component yields of egg from different lines of quail. Indian Journal of Animal Science, v.57, n.1, p.50-55, 1987.

Soares, H.F.; Ito, M.K. O ácido graxo monoinsaturado do abacate no controle das dislipidemias. Revista Ciência Médica, v.9, n.2, p.47-51, 2000.

Souza, P.A.; Souza, H.B.A.; Oba, A.; Gardini, C.H.C. Influência do ácido ascórbico na qualidade dos ovos. Ciência e Tecnologia de Alimentos, v.21, n.3, p. 273-275, 2001.

Stone, H.; Sidel, J.L. Quantitative Descriptive Analysis: Developments, Applications, and the Future (Análise descritiva quantitativa: desenvolvimentos, aplicações e o futuro). Food Techology, v.52, n.8, p.48-52, 1998.

Surai, P.F.; Sparks, N.H.C. Designer eggs: from improvement of egg composition to functional food. Trends in food science and technology, v.7: p.12-16, 2001.

Surai, P.F. Natural Antioxidants in Avian Nutrition and Reproduction. 1 ªEd.

Nottingham University Press, Nottingham, p.27-95, 2002.

Thomazini, M.; Franco, M.R.B. Metodologia para análise dos constituintes voláteis do sabor. Boletim SBCTA, v.34, n.1, p.52-59, 2000.

Valenzuela, A.B.; Sanhueza, J.C. Óleos de origem marinha; sua importância na nutrição e na ciência dos alimentos. Revista Chilena Nutricion, v.36, n.3, 2009.

Valenzuela, A.B.; Nieto, S.K. Ácidos graxos ômega-6 e ômega-3 na nutrição perinatal: sua importância no desenvolvimento do sistema nervoso e visual. Revista Chilena Pediatria, v.74, p.149-57, 2003.

Vieira. S.L.; Moran Jr., E.T. Efeitos da nutrição do ovo de origem e do pintinho pós-eclosão sobre o desempenho vivo e o rendimento de carne de frangos de corte. World's Poultry Science Journal, v.55, p.125-142, 1999.

Villela. J.L. Criaçâo de codornices. Coleçâo Agroindùstria, v.14, 91p. Cuiabà: SEBRAE/MT. 1998.

Whitehead, C.; Bowman, A.Y.; Griffin, H. The effects of dietary fat and bird age on the weights of eggs and egg components in the laying hen. British Poultry Science, v.32, p.565-574. 1991.

Zulkifli, I.; Siegel, P.B. Is there a positive side to stress? World's Poultry Science Journal 51:63-76, 1995.

10. Autores

Rolo Aline Piccini

Pós-Doutoranda do Programa de Pós-Graduação em Zootecnia da Universidade Federal de Pelotas - UFPEL.

Médico Veterinário, Ms.C, Dr. em Nutrição Animal pela UFPEL com estágio académico no estrangeiro na Universidade de Zaragoza e na Universitat Autònoma de Barcelona, Espanha.

Correio eletrónico: apiroll@yahoo.es

Fernando Rutz

Doutoramento em Nutrição Animal pela Universidade de Kentucky, U.K.Y., EUA.

Médico Veterinário, Mestre em Nutrição Animal pela UFPEL.

Professor Adjunto do Curso de Zootecnia da UFPEL.

Correio eletrónico: frutz@alltech.com

Victor Fernando Büttow Roll

Pós-Doutoramento em Produção Animal, Universitat Autònoma de Barcelona, Espanha.

Dr. em Produção Animal pela Universidade de Zaragoza - Espanha.

Engenheiro Agrônomo, Ms.C. em Nutrição Animal pela UFPEL.

Professor Adjunto do Curso de Zootecnia da UFPEL.

Correio eletrónico: roll98@ufpel.edu. br

I want morebooks!

Buy your books fast and straightforward online - at one of world's fastest growing online book stores! Environmentally sound due to Print-on-Demand technologies.

Buy your books online at
www.morebooks.shop

Compre os seus livros mais rápido e diretamente na internet, em uma das livrarias on-line com o maior crescimento no mundo! Produção que protege o meio ambiente através das tecnologias de impressão sob demanda.

Compre os seus livros on-line em
www.morebooks.shop

info@omniscriptum.com
www.omniscriptum.com

Printed by Books on Demand GmbH, Norderstedt / Germany